疯狂的芯片

CRAZY CHIP
——两小时带你速通集成电路

赵文博 汤秉祯 何娴 高翔 蔡志匡 编著
党柯清 唐心田 绘

机械工业出版社
CHINA MACHINE PRESS

你可曾想过，我们日常生活中的手机、电脑，甚至电冰箱背后，都隐藏着一个个精密无比的小"心脏"——芯片！它从一粒普普通通的沙子，到成为推动智能时代不断发展的"脑细胞"。本书将深入浅出地解读芯片的诞生和成长历程。全书分为五大部分：第一部分讲述芯片的"发家史"，回溯它的诞生与变迁；第二部分揭开集成电路的神秘面纱，介绍不同类别的电路结构与工作原理；第三部分讲述那些神奇的半导体材料和器件，让你知道"何以为芯"；第四部分探秘芯片从设计、制造到封装测试的每一个步骤，犹如亲临芯片工厂；最后，放眼未来，展望芯片在人工智能、物联网等领域的最新应用和发展前景。本书通过图文并茂的主题故事，不仅让晦涩难懂的芯片知识变得生动易懂，更带领读者开启了一段奇妙的"芯"旅程，去探索微观世界的无限可能。

本书适合所有对芯片知识充满好奇的读者——无论是还在求知路上的中小学生，还是有心一探芯片奥秘的成人朋友。对芯片的好奇不分年龄和背景，哪怕是完全的"芯片小白"，也能在本书中找到属于自己的乐趣，逐渐变身为身边的"芯片科普达人"！

图书在版编目（CIP）数据

疯狂的芯片：两小时带你速通集成电路 / 赵文博等编著. -- 北京：机械工业出版社，2025. 7. -- ISBN 978-7-111-77277-4

I. TN4-49

中国国家版本馆 CIP 数据核字第 202532N3Z7 号

机械工业出版社（北京市百万庄大街 22 号　邮政编码 100037）
策划编辑：江婧婧　　　　　责任编辑：江婧婧
责任校对：潘　蕊　宋　安　封面设计：王　旭
责任印制：单爱军
北京盛通数码印刷有限公司印刷
2025 年 7 月第 1 版第 1 次印刷
170mm×230mm ・ 9.75 印张 ・ 143 千字
标准书号：ISBN 978-7-111-77277-4
定价：69.00 元

电话服务　　　　　　　　网络服务
客服电话：010-88361066　机 工 官 网：www.cmpbook.com
　　　　　010-88379833　机 工 官 博：weibo.com/cmp1952
　　　　　010-68326294　金 书 网：www.golden-book.com
封底无防伪标均为盗版　　机工教育服务网：www.cmpedu.com

序言

嘿,未来的小小科学家们!我是疯狂芯片科学家。

你们是否想象过,在一粒大米上画出《清明上河图》?

你们是否思考过在肉眼看不见的领域,电是如何工作的?

你们是否感到好奇,手中的手机、家里的电脑,以及各种神奇的电子设备是如何工作的?

那么,欢迎你们翻开这本书:《疯狂的芯片——两小时带你速通集成电路》。

你们将乘坐时间机器,穿越到古老的计算机(俗称电脑)时代,看看那些巨大的"电子脑袋"是怎么工作的。然后,我们会一路飞速前进,见证科技的每一次进步,最终来到今天的智能时代。每一个小问题都会变成大冒险,每一个小发现都会让你们惊呼"哇,原来是这样!"

我们将以轻松有趣的方式,解答你们心中的各种疑问:什么是芯片?芯片能吃吗?为什么芯片能让机器变得如此聪明?通过一个个生动的故事,我们会让复杂的科技变得简单易懂。

阅读这本书,你们就会慢慢成为芯片小专家。你们将领略材料与器件的魅力;参与芯片的制作和测试;了解芯片的制造过程;探索集成电路设计的奥秘。你们会认识很多著名的科学家,爱因斯坦和门捷列夫都在书里等着你们。读完这本书,你们也会成为魔法师,施展很多生活中的魔法。

让我们一起踏上这段奇妙的芯片探险之旅吧!带着你们的好奇心和想象力,打开这本书,开启一段疯狂的探索之旅。相信你们一定会在这本书中找到许多惊喜和乐趣,成为未来的芯片小达人!

准备好了吗?让我们出发吧!

目录

序言

一、芯路历程

1. 芯片简介——芯片是什么？云片糕能吃，芯片能吃吗？ ... 2
2. 中国芯片发展史——命运的齿轮悄悄转动！ ... 5
3. 世界芯片发展史——一部波澜壮阔的史诗！ ... 14

二、初探芯谜

1. 集成度——集成度和集成电路有什么关系呢？ ... 24
2. 模拟集成电路——车辆和人在马路上走，那电路呢？ ... 34
3. 数字集成电路——难道是用数字构成的电路吗？ ... 46
4. 数模混合集成电路——混合？芯片界也有混合双打吗？ ... 56

三、万器归芯

1. 半导体——是山东半岛吗？还是一半导电的物体？ ... 62
2. 元素——元素是什么呢？火元素？水元素？ ... 68

3. 硅——硅是石头吗，毕竟有偏旁是石，应该也和石头相关吧？　　73

4. 晶体管——这是什么东西？晶体做成的管道？　　77

四、芯球大战

1. 集成电路设计——嘿嘿嘿，有没有似曾相识的感觉？　　84
2. 集成电路工艺——是工艺品吗？　　94
3. 集成电路封装——把芯片封起来再装进去？　　112
4. 集成电路测试——测试？是考试吗？　　123

五、芯际争霸

1. 芯片未来技术发展——未来的技术会是什么样的呢？　　132
2. 芯片未来产业前瞻——未来的产业会是什么样的呢？　　141
3. 国内外集成电路发展趋势——集成电路的发展将何去何从呢？　　145

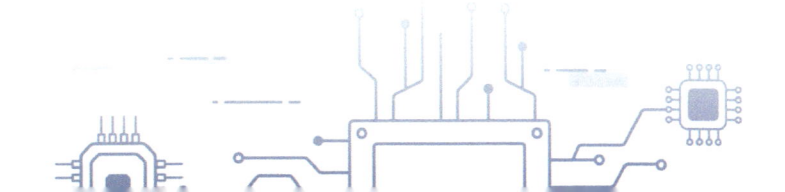

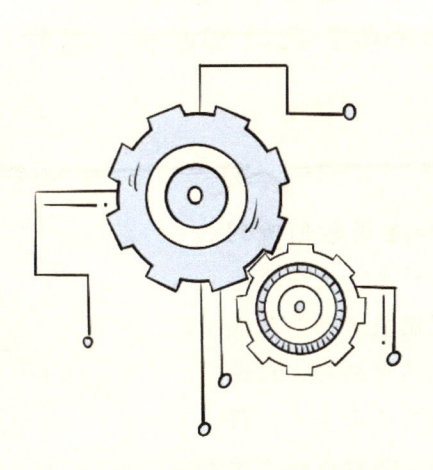

芯路历程

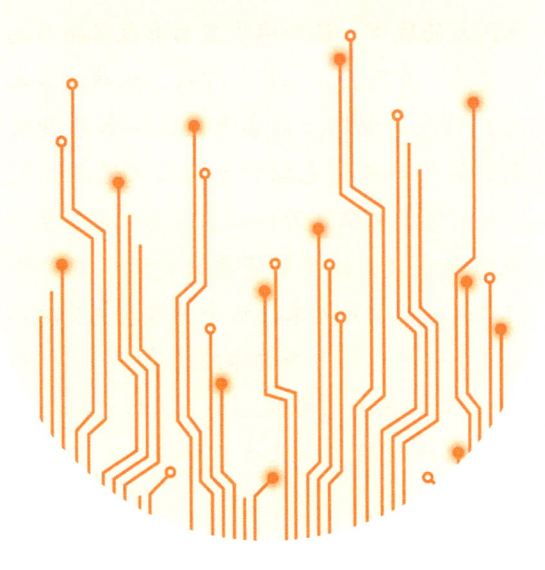

芯片简介
——芯片是什么？云片糕能吃，芯片能吃吗？

芯片~不知道同学们听到这个词会想到些什么？也许是华为？也许是美国制裁中国？又或者是小时候看过的动画片，讲述一个芯片里面拥有所有知识，将它插入人的大脑，然后人一下子就学会了所有的知识（不光是你们，就连作者小时候也做过这样的梦）。那芯片究竟是什么？本书会告诉你这个答案，我先来简单说说。我们可以把我们的电脑想象成是一个巨大的城市。这个城市里面有很多很多的人，有很多很多不同的建筑，有医院、工厂、学校，这些建筑都有自己的功能，它们也就对应着电脑上的各个元器件和各种功能。但是电脑还是很大，我们不能用电脑作为核心装置来控制我们的手机。因为如果我们想用电脑作为核心来控制一部手机的话，那这个手机就要做得非常大，比电脑还要大是吧？这显然是不合适的，因为我们只是人，不是大象。这个时候芯片应运而生（就像小说中的气运之子一样，偷偷告诉你们，作者一直觉得芯片身上的气运很大）。我们把巨大的电脑缩小了，但是这块小小的芯片上仍然拥有这个电脑的绝大多数功能，这就是芯片带给人类的意义。

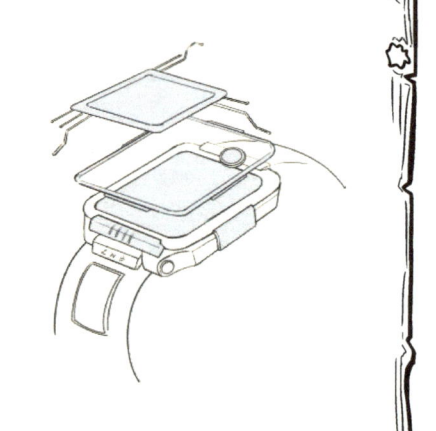

芯片在生活中属实应用广泛。比如，身边的很多电器，包括电脑、手机、家门口的电子指纹锁，甚至是小天才智能电话手表，都离不开芯片。

现在开动脑筋想想身边还有什么东西有芯片？我听到了你们心里的声音，是的是的，台灯、冰箱，没错，它们都有芯片。

那么芯片究竟是如何工作的？在我们探索这个问题之前，不妨想想人是怎么工作的。

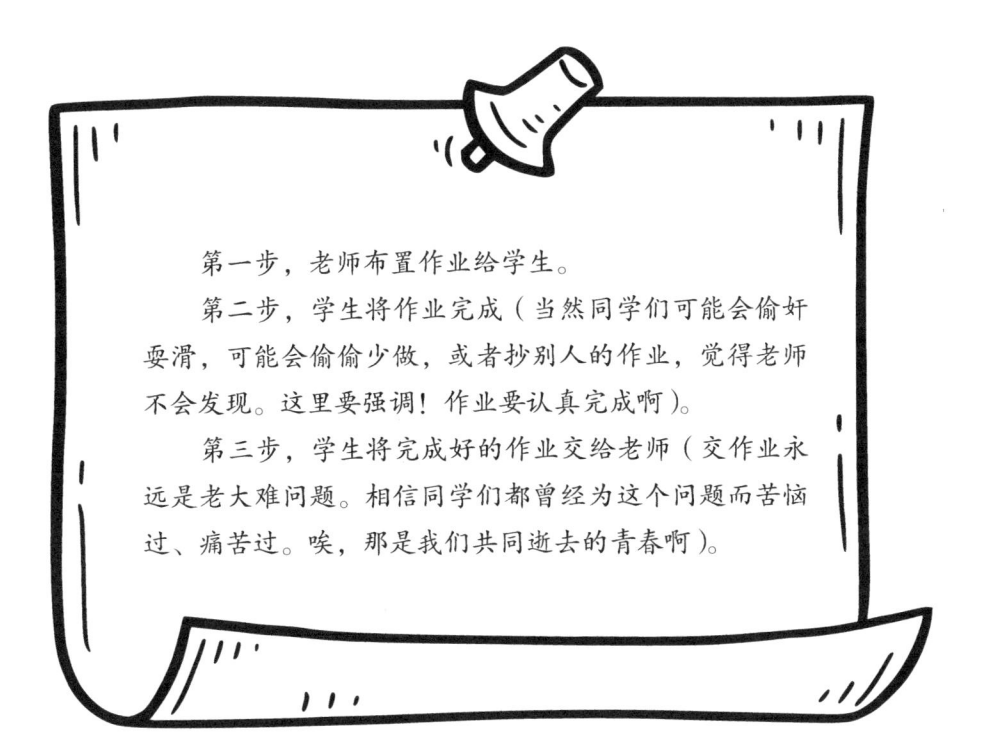

> 第一步，老师布置作业给学生。
>
> 第二步，学生将作业完成（当然同学们可能会偷奸耍滑，可能会偷偷少做，或者抄别人的作业，觉得老师不会发现。这里要强调！作业要认真完成啊）。
>
> 第三步，学生将完成好的作业交给老师（交作业永远是老大难问题。相信同学们都曾经为这个问题而苦恼过、痛苦过。唉，那是我们共同逝去的青春啊）。

当然，芯片和人是类似的，但是又有不同之处。不同之处就在于，芯片是不会偷懒的，它不会偷偷不写作业或者假装忘了，也不会把作业忘在家里。

但是芯片和人的工作逻辑是类似的，我们对芯片发出一个指令，让芯片去做某件事，当然你不能让芯片去做个汉堡给你吃，这就像你不能要求小学生跑过博尔特一样，不能超越它的能力范围。我们之前说过芯片是"小电脑"，这个时候芯片就用自己的各个分区开始处理这个指令，最后芯片把完成的任务向外输出，也就是像学生把作业提交给老师一样。这就是芯片的工作原理，这样就完成了一个任务，怎么样，是不是很简单？现在对芯片是不是有简单的认识了？这就是对芯片的简单介绍，希望看完这本书，大家也能有自己对于芯片的理解，可以把感悟写在最后哦。当然，这不着急，现在让我们一起走入芯片的大门吧！

当然了，芯片不能吃～

中国芯片发展史
——命运的齿轮悄悄转动！

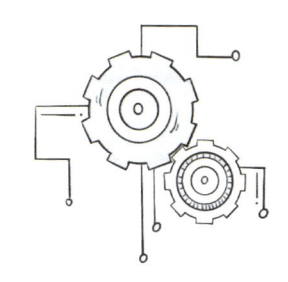

缘分的开始

1949年的时候，淮海战役结束了。当时中国共产党大胜，按照国民党的命令，兵工厂所有的技术人员都要撤离。在撤退的人群中，有诸多各个行业的专家，但是他们绝对想不到，有一个不到一岁的孩子，在未来会成为鼎鼎有名的大人物，甚至成为中美两国的焦点。

这个孩子叫张汝京。这个名字大家可能不熟悉，但是提起被美国政府制裁过的中芯国际，我想大家就有印象了，而这位张汝京，就是中芯国际的创始人。与此同时，也有另外一个孩子，此时踏上了从上海到香港的客轮，他就是台积电的创始人张忠谋。台积电和中芯国际都是中国鼎鼎有名的芯片企业龙头。后来，命运的齿轮悄悄转动，1977年这两位中国半导体的奠基人在德州仪器相遇了。德州仪器也是著名的半导体器件公司，如果未来有机会投身半导体行业的话，也许就会有人在德州仪器就职。在这里，我们就重点介绍一下张忠谋。

台积电的历史

张忠谋先去了中国香港，后来又选择去美国。在美国的时候，他有两个选择：要么去福特公司（懂车的小伙伴应该都知道这个公司，不懂车的也不要紧，大家都听过流水线吧，流水线就是福特公司发明的），要么去希凡尼亚（半导体巨头）。而希凡尼亚公司呢，比福特开的工资每个月多给了1美元。同学们可能会想，区区一美元，算得了什么，但就是因为这一美元，最后，张忠谋选择去希凡尼亚工作。

1987年，有人告诉张忠谋说，"我们准备成立一家半导体制造的公司，你去当董事长吧！"于是张忠谋就加入了这家公司，并且为这家公司起了个名字——台积电。同一年，三星公司（就是那个做手机出名的公司）选择正式进军半导体行业，而就在三星进军半导体行业的几个月后，一个叫任正非的男人被骗了两百万。没错！没有重名，也没有搞错名字，就是那个任正非！他为了还债，决定赌一把，最后选择创办了华为，后来他就成了大家现在知道的那个叱咤风云的任正非。你看，命运就是这么的巧合，巧合到在这一年里，半导体行业仿佛被一只命运的大手推动着，以极大的步伐往前迅速迈进，当时人们还没有意识到什么，但是就在这个时候，半导体领域已经暗度陈仓，进入了一个新的时代。

张忠谋的思路和别人是不太一样的，好像大佬们想的都会跟别人不太一样，这也很正常，毕竟21世纪什么最值钱？想法！那么这个大佬是怎么想的呢？在搞清楚张忠谋是怎么想的之前，应该先看看以前人们是怎么想的，然后才好做对比，对吧？在以前，人们是从头到尾自己搞定一块芯片，就是从芯片的设计到制造再到封测，全是自己来做。这相当于什么呢？大家都看过《鲁滨孙漂流记》，对吧？这相当于从头到尾，从植树，到种树，到砍树，再到做成大船全是一个人来做。鲁滨孙在海上小岛上待了那么久才获救，可见这事儿有多难，对吧，而且他还不是从植树开始的。而张忠谋的思路是我只做代工，简单地说就是我建个工厂，你们把设计图拿来我帮你们制造。这个想法在当时看来就非常的先进，却不被大多数人所理解，但是就像无数小说话本里面写的那样，好像冥冥之中有人给了张忠谋一些指引，所以，他最后成功地坚持了下来。

这就是台积电的发展史。

黑暗中的探索

当然了，现在的中国已经是一个富强民主文明和谐美丽的伟大的社会主义国家，我们的科技是很发达的。但是这并不代表我们就没有经历艰难探索的过程。从二十世纪八十年代起，中国为了发展芯片行业，进行了著名的三大战役，分别为"531"计划、"908"工程、"909"工程。对于这像门牌号一样的三组数字，大家可能不熟悉，但是对于芯片行业的工程师来说，这三组数字如雷贯耳。

什么是"531"呢？就是普及5μm，研发3μm，攻关1μm。

之前，同学们应该都学习过了微米（μm）和纳米（nm）之间的关系，就像毫米和米之间一样，1000nm = 1μm。现在同学们都是听说研发5nm。但是当时中国要普及的技术却是5μm，这在当年已经是西方国家落后的技术，但是没有办法，因为当时中国的技术实在是比较落后，所以只能先普及这个落后的技术。另外一个原因是中国只能买到西方的二手淘汰设备，所以就只能去研发5μm。轰轰烈烈的"531"计划最后宣告失败了，主要原因是所有企业一哄而上，全部投入海量的资金，都为了搞芯片而拼命地搞芯片，就像是语文老师、数学老师、英语老师都来教数学，这肯定是不太合适的，因为术业有专攻嘛。

"531"计划失败之后，便实施了"908"工程。"908"工程开始扶持重点企业，但是"908"工程依然以失败告终。为什么？因为"908"工程的思路仍然是引进国外的淘汰技术。大家都听过这样一个谚语，就是"事后诸葛亮"，从这个角度来看，我们确实能看到当时人的决策出现了问题。但是在那个风云变幻的时代，我想中国人已经做到了他们能做到的全部。后面就是

"909"工程了,我们开始向国外采购先进技术。但是"909"工程先是面临各国的封锁,之后又遇到了金融危机。关于金融危机是什么,简单地说就是有一段时间大家都没钱了。如果再让我举个例子来说明,就比如大家都有零花钱,金融危机就是你们班所有同学手上的零花钱都在快速地减少,没有人有例外,那肯定大家都买不起小零食了对不对,这样说应该就很好理解了,所以失败是在所难免的,这个只能说生不逢时。

黑暗中的探索

张忠谋走得很快,但是历史永远不会只偏爱一个人,它并没有忘记我们的另外一位朋友——张汝京。在2000年的时候,张汝京带着满腔报国的热忱,开启了他的芯片研究之旅,他给自己的企业起了一个名字——中芯。没错,就是你们知道的那个中芯,也就是中芯国际!

张汝京创业之后,中芯国际一路高歌猛进,在三年之内就跻身全球第三大代工厂。到了2003年,中芯国际突破了90nm制程。中芯的成功,不是偶然的。

政策上,上海给了中芯国际非常优惠的建厂条件,包括但不限于前几年免税,后续税收减免等政策,还有诸多针对员工的福利政策。福利政策永远是最能让打工人开心的,大家想象一下,如果有个企业跟你说,你来我们这里工作,不仅工资高,你的身体健康我们来保障，你的路费我们都报销，逢年过节还给你发好吃的，你肯定愿意去啊，是不是？当然，中芯国际的成功也绝对离不开张汝京自己的努力，他主要做了三件事。

第一件事，张汝京给中芯国际拉来了大量的投资。虽然作者没有见过张汝京，但是可以肯定的是，张汝京肯定是一个舌灿莲花，很擅长与别人沟通并说服他人的优秀企业家。不知道大家有没有竞选过班长，当有人竞选班长的时候，尤其是好几个能力接近的同学一起竞选的时候，你可能会想：咦？这个人他看上去就很不错，就选他，对吧？张汝京就有这样的人格魅力。

大家都相信投资他就有搞头，所以短短一年内，张汝京就筹集到了10亿美元。别觉得10亿美元少！我们上面提过的"909"工程，其一期项目注册资金一共也就筹集了12亿美元左右。

当然光有钱没有技术也肯定是不行的，这第二件事，就是张汝京召集了几百名技术过硬的工程师，组建了中芯国际一开始的班底。

最后一件事，就是张汝京凭借一己之力，从《瓦森纳协议》上撕开了一条裂缝。《瓦森纳协议》是什么呢？简单来说，这个协议提出只能向中国出口落后两代的技术。说是两代，其实经过各种审批、协商，等中国可以投产的时候，已经落后三代了。同学们不要小看这样的协议，这个协议只要维持下去，中国人就永无翻身之日，因为永远拿到的都是落后不止一代的产品。但是，张汝京说服了美国人，最终张汝京的中芯国际拿到了国外还比较先进的技术。到了2003年的时候，我国大陆的芯片第一次推进至纳米级。中芯国际用三年的时间，走完了别人三十年的路，这是张汝京的辉煌时代。

黯淡的日子

但是后来张汝京就被人盯上了，盯上他的人，正是我们的老朋友张忠谋。他为什么盯着张汝京呢？很简单的道理，两家巨头竞争激烈，如果一家做大做强，那另一家怎么办？所以张忠谋也不跟张汝京废话，直接起诉了张汝京。张忠谋占据了天时地利人和：天时在于，此时此刻恰逢中芯国际将要上市的日子，等于在你期末考试之前，跟你说，暑假取消了！你想想看，你会受到多大的影响！地利又是什么呢？他把起诉的地点放在了美国，这有什么好处呢？好处就在于，这可以防止张汝京调用自己的关系网。最后人和就在于，张汝京的很多员工都保留了在台积电工作的习惯，这让张忠谋抓住了一些把柄。

最终张汝京败诉，张忠谋提出了条件"Richard, get out！"（张汝京出局！）

后来，张汝京离开了中芯国际。祸不单行，在2006年的时候，著名的"汉芯一号"事件爆发了。

什么是"汉芯一号"事件？"汉芯一号"曾经是一款号称超越英特尔的芯片，技术上处于国际顶尖水平。但是以当时中国大陆的芯片水平，怎么能搞出这样世界级的芯片？这是因为汉芯的创始人陈进，是个海归专家，拥有很多荣誉的头衔，大家都觉得他应该很优秀，有搞头。可是几年过去了，"汉芯一号"却一直都没有量产，人们开始怀疑"汉芯一号"出了什么问题？最后有人爆出了真相：陈进声称的"汉芯一号"芯片，其实是别人的芯片。对，你没有听错！他找了一家装修公司，用砂纸把上面别的公司的 Logo 磨掉，然后印上了自己公司的 Logo。这个事情是怎么被人发现的？是他找的这家装修公司，把这个打磨芯片的工作当成了参与高科技事业的荣誉，堂而皇之地写在了自己的官网上。这太魔幻了。就是因为这件事情，国产芯片进入了至暗时刻。更倒霉的是，2008 年，金融危机来了。没错，又是一次金融危机，整个芯片行业陷入了黯淡时期。当台积电攻克 14nm 的时候，中芯国际仍然停留在 45nm。史称"中芯国际失去的两年"。

与此同时，台积电实施了一个著名的夜鹰计划。夜鹰计划听上去很好听，其实很不人道，它就是要求工程师 24h 无条件加班。可以想象，正常人平时上个 8h 甚至 10h 的班就已经很痛苦了。24h 无条件的加班这谁受得了，对吧？虽然给了很多钱，但是确实很不人道。即使这样不人道的计划产出的结果确实是很可观的，也不鼓励这样的企业文化。2011 年台积电突破了 28nm，而到了 2019 年，台积电已经突破到 5nm 了，这已经是世界上最先进的技术了。

耻辱之日，亦是觉醒之时

2019 年 5 月 15 日，这是一个足以铭记在中国历史上的日子。这一天，特朗普签署了命令，禁止美国购买安装使用外国对手的电信设备，其实就是针对华为，也就是著名的美国制裁华为事件。我相信大家对这个事情都有所了解。

当然，中国从未放弃过进取的希望，上至国家，下至民间，都知道芯片的重要性，明白了低端制造业永远赶不上高端制造业，不搞产业转型和产业升级，永远只能跪着赚钱。我国政府开始进一步加大了对半导体产业的扶持，全国都开启了芯片创业热潮。与此同时，中国烟草、中国移动等公司一起成立了中国集成电路产业投资基金，开始把大量的资金投入半导体产业。最终的结果，我们也知道，华为研发出了麒麟9000S芯片，正如余承东所说，遥遥领先！中国也终于突破了美国的技术封锁。

尾声

历史可能就像一个圆圈，每个人都在往前走。但是起点也未尝不是终点，而终点又未尝不是下一个起点。回顾中国芯片的这七十年，我们可以看到这条路并不平坦，但是总有人心怀祖国，凭着一颗爱国心，为中国的芯片事业添砖加瓦。他们有很多名字，比如张汝京，比如梁孟松，但是我更愿意称他们为一群有梦想的中国芯片人！

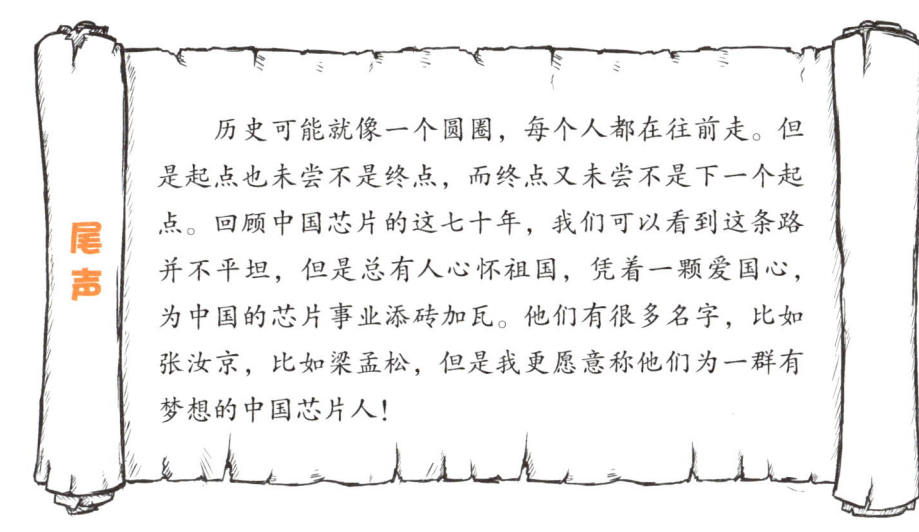

世界芯片发展史
——一部波澜壮阔的史诗！

世界芯片的发展史是一部技术与创新的史诗，这里面有太多波澜壮阔的历史，最好还是能自己亲身去了解一下，在本书中，我们只介绍几个重要的里程碑事件，希望大家能在看完之后产生一些兴趣并引起一些思考。

晶体管的发明

1947年，贝尔实验室的约翰·巴丁、沃尔特·布拉顿和威廉·肖克利发明了晶体管。晶体管是现代电子器件的基础，取代了大而重、容易过热的真空管（详细可以参考介绍晶体管的那部分内容）。

集成电路的诞生

集成电路的诞生是20世纪50年代末至60年代初的重大技术突破，它为后来的信息技术革命和数字革命打下了坚实的基础。

在集成电路出现之前，电子设备中的电子元器件，如晶体管、电阻和电容，是单独地被组装在一个大型的电路板上的。这不仅占据了大量的空间，而且在组装过程中非常容易出错。随着对更强大、更小巧、更高效的电子产品的需求增加，传统的方法已经无法满足市场的需求。

1958年夏天，Jack Kilby在德州仪器（熟悉的名字，睿智的读者朋友们肯定还记得在哪里提过）工作时，提出了一个大胆的想法：将所有电子元器件制造在同一块半导体硅片上。他的构想是将所有的元器件以及它们之间的互连都"集成"在一个单一的硅片上，这就是集成电路（IC）的概念。

不久之后，Kilby制造出了第一个集成电路。这个简单的电路只是一个翻转锁存器，但它证明了Kilby的构想是可行的。

与此同时，加利福尼亚的Robert Noyce，后来是英特尔公司的共同创始人，也在考虑类似的问题。他不仅认识到了制造一个集成的电路的价值，还找到了一个改进制造过程的方法：利用硅的绝缘特性，通过光刻技术在硅片上制造金属互连，连接各个电子元器件。

Noyce的方法使集成电路的生产变得更加经济、简便，并为后来集成电路的微型化和大规模量产铺平了道路。

尽管Kilby和Noyce是各自独立地进行研究的，但他们都为集成电路的发明和普及做出了巨大的贡献。他们的发明为电子工业带来了革命性的变化，使得台式电脑、手机、平板电脑和其他无数的电子设备得以迅速发展和普及。

微处理器的诞生

在微处理器出现之前，计算机的体积都是巨大的，通常占据了整个房间，并且价格高昂，只有大型企业和政府部门才负担得起。这些大型计算机通常使用的是一系列的集成电路和其他组件来完成其任务。

然而，1971年，这一切都发生了变化。英特尔，一家新兴的半导体公司，推出了世界上第一个商业微处理器4004。这是一个集成了所有中央处理单元（CPU）功能的单一芯片，简而言之，它是一台计算机的"大脑"。

微处理器4004的诞生背后有一个有趣的故事：它最初并不是为个人计算机设计的，而是为一家日本计算器公司Busicom设计的。Busicom原计划使用一系列专门设计的芯片来驱动它的新计算器，但英特尔的工程师Federico Faggin、Ted Hoff和Stanley Mazor提出了一个革命性的概念：为何不设计一个通用的、可以用于多种任务的微处理器呢？

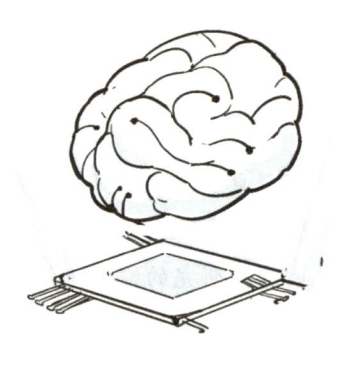

于是，微处理器4004应运而生。它有2300个晶体管，最高时钟速度为740kHz。尽管它的性能远不及现代微处理器，但它的出现标志着一个新时代的开始。随着技术的进步，微处理器逐渐变得更加强大和便宜，这为个人计算机的普及创造了条件。

不久之后，英特尔推出了更加先进的微处理器，如8008和8080，这些微处理器进一步推动了个人计算机和家用电子产品的发展。

1971年，英特尔微处理器4004的发布不仅代表了技术上的突破，更重要的是，它开启了个人计算机的时代，为日后的数字革命奠定了基础。

个人计算机的兴起

1970年年末，微处理器的快速发展为个人计算机的出现创造了条件。在此之前，计算机通常都是大型、昂贵的机器，只有大型公司和政府部门才能承受得起。但微处理器技术的进步使得计算能力得以大幅提升且变得经济实惠，这打破了以往的格局，使得家庭和小型企业也能拥有计算机，下面介绍两个计算机巨头。

Apple Ⅱ：

1977年，由史蒂夫·乔布斯和史蒂夫·沃兹尼亚克推出Apple Ⅱ，它被广泛认为是第一款成功的家用计算机。它采用了彩色图形和开放的结构设计，受到了许多家庭和学校的欢迎。其易于使用的特性和对于教育、游戏的适应性使其销量大增。

IBM PC：

1981年，国际商业机器公司（IBM）推出了其首款个人电脑，被称为IBM PC。由于IBM强大的品牌效应和业务网络，这款计算机迅速获得成功。其开放式架构设计允许其他公司复制和改进，从而催生了一个兼容PC的庞大生态系统，俗称"IBM兼容机"。

这一时期不仅标志着技术的飞速进步，更意味着计算的民主化。人们开始在家中、办公室和学校使用计算机，而不再仅限于特定的研究或工业环境。软件市场也随之兴起，为用户提供了广泛的应用选择，从文字处理到游戏，再到财务管理等。

至1980年年末，个人计算机已经不再是新奇物品，而是成了日常生活和工作中不可或缺的工具。

摩尔定律

英特尔的联合创始人Gordon Moore于1965年提出摩尔定律，他预测集成电路上的晶体管数量每两年将翻一番。这一预测在多年的实践中基本得到了验证，并成为半导体产业的指导原则。

就像乘法交换律可以方便我们计算一样，那么摩尔定律又有什么意义呢？

摩尔定律的持续存在不仅仅是技术发展的"自然趋势"，更反映了半导体产业对技术创新和投资的持续推动。为了使晶体

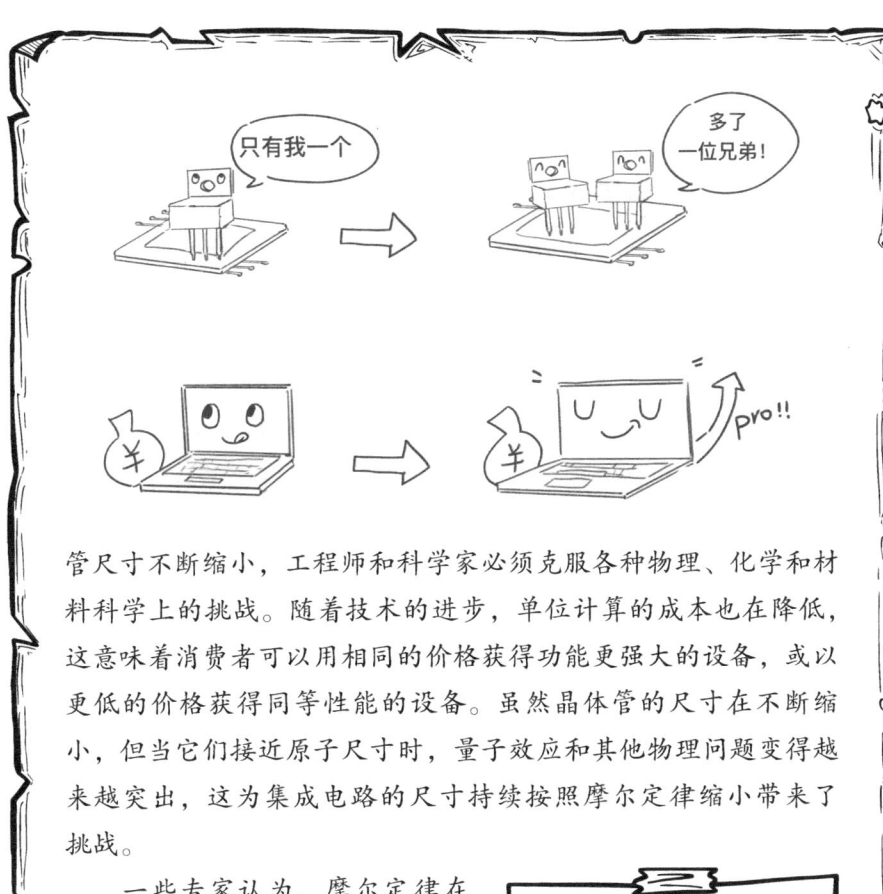

管尺寸不断缩小，工程师和科学家必须克服各种物理、化学和材料科学上的挑战。随着技术的进步，单位计算的成本也在降低，这意味着消费者可以用相同的价格获得功能更强大的设备，或以更低的价格获得同等性能的设备。虽然晶体管的尺寸在不断缩小，但当它们接近原子尺寸时，量子效应和其他物理问题变得越来越突出，这为集成电路的尺寸持续按照摩尔定律缩小带来了挑战。

一些专家认为，摩尔定律在未来的某个时间节点会放缓或停止。为了应对这一挑战，研究者正在探索新的计算模型和技术，例如量子计算和神经形态计算。

所以，摩尔定律不仅仅是关于技术的预测，它更是对于人类不断努力、创新和解决复杂问题的能力的证明。

3D 打印与三维集成电路

为了继续满足摩尔定律的要求，工程师和研究者开始转向新的创新技术，其中最引人注目的技术之一就是三维集成电路（3D IC）。

3D IC 是一种芯片设计方法，它将多个晶片层叠在一起，从而在三维空间内实现更高的集成度。与传统的二维平面集成电路相比，3D IC 能够在更小的空间内实现更多的功能，同时还能保证更高的性能和更低的功耗。

在 3D IC 中，各个层之间的晶片通过"垂直互连"连接。这些垂直互连是由穿过晶片的微小通孔形成的，它们允许数据和电力在不同的芯片层之间流动。这种配置缩短了信号在芯片上的传输距离，从而提高了芯片的性能并降低了功耗。3D NAND 是一个极好的应用实例。NAND 闪存是一种非易失性存储器，常用于 USB 驱动器、SD 卡和固态硬盘。传统的 NAND 闪存技术是平面的，但随着制程技术的缩小，这种存储器的可靠性和性能受到了挑战。3D NAND 技术通过在垂直方向上堆叠 NAND 单元，解决了这一问题。这不仅增加了存储密度，还提高了可靠性，因为垂直结构减少了各个单元之间的干扰。

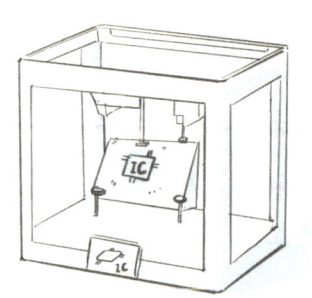

3D 打印也在半导体制造中扮演了角色。虽然目前的 3D 打印技术尚未成熟到可以打印复杂的集成电路，但它已经被用于创建半导体工具、模板和其他相关部件。此外，3D 打印为芯片的研究和开发提供了一个快速、低成本的方法，可以在实验阶段制作出原型。这为快速迭代和试验新方法打开了大门。

虽然 3D IC 技术带来了许多优势，但它也带来了一些挑战。例如，多个层次的堆叠可能会导致散热问题，因为更多的晶体管堆叠在一起运作。此外，制造过程也更复杂，可能会增加制造成本。但随着技术的发展，这些问题都能得到解决。3D IC 技术为我们提供了一种新的方式，以满足日益增长的计算需求，这在传统的二维集成电路技术中是难以实现的。

总的来说，3D IC 和 3D NAND 技术为摩尔定律的持续发展提供了新的机会。结合 3D 打印等创新技术，我们可以期待未来的电子产品将更小、更快、更高效。

移动计算的兴起

2000 年之前，移动电话主要是为了通话和发送短信而设计的。那时的手机具有有限的功能，因为其内部的计算能力和存储空间都非常有限。

随着半导体技术的进步，芯片的尺寸逐渐缩小，而且它们的计算能力和能效大大增强，这为创建功能强大的移动设备创造了条件。比如，多核处理器、高效的 GPU 和增加的存储空间都使得手机和平板电脑具备了之前只有台式机和笔记本电脑才有的计算能力。

2007 年，苹果推出了首款 iPhone，并在后续版本中逐渐使用苹果自己设计的 A 系列芯片。这些芯片为 iPhone 和 iPad 提供了强大的性能，尤其在图形处理和能效方面表现出色。

Snapdragon 是高通公司推出的一系列移动设备处理器，自从 2008 年推出第一款产品后，它们在 Android 手机市场中占有很大的份额。高通的芯片旨在提供高性能、高能效，以及各种先进的通信技术（如 4G LTE 和 5G）。

随着芯片技术的不断进步，手机和平板电脑不仅仅是为了通话和上网。它们已经变成了我们日常生活中的必需品，用于娱乐、拍照、导航、购物、学习和工作等各种活动，为用户提供了无尽的可能性。

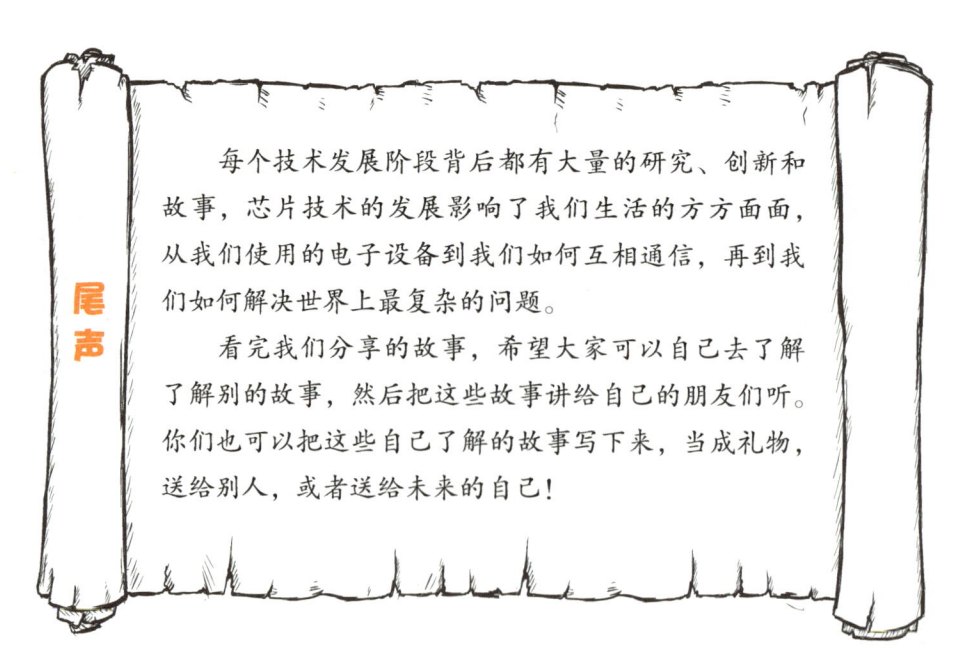

尾声

每个技术发展阶段背后都有大量的研究、创新和故事，芯片技术的发展影响了我们生活的方方面面，从我们使用的电子设备到我们如何互相通信，再到我们如何解决世界上最复杂的问题。

看完我们分享的故事，希望大家可以自己去了解了解别的故事，然后把这些故事讲给自己的朋友们听。你们也可以把这些自己了解的故事写下来，当成礼物，送给别人，或者送给未来的自己！

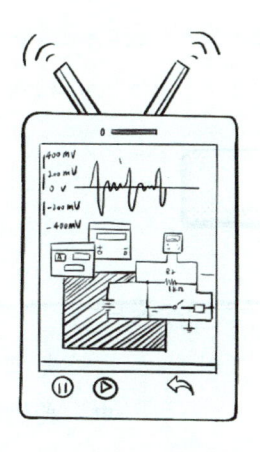

初探芯谜

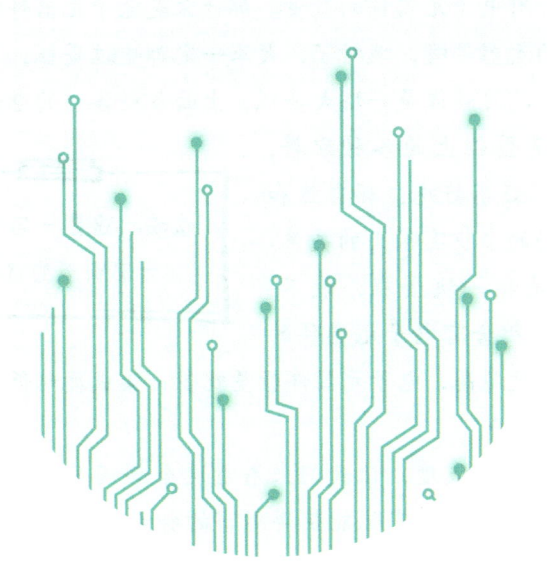

集成度
——集成度和集成电路有什么关系呢?

SSI、VLSI、GSI

大家好哇。在上一部分中,我们已经讲述了集成的定义,那么你们知道集成度是指什么呢?相信聪明的你们肯定也想到了,集成度就是指集成的程度,也就是(单位面积)芯片中所含有电子元器件的数量。那什么是电子元器件呢?当然就是电子的元器件咯,哦对了,大家一定都吃过蛋糕,那可真是人间美味,芯片就像是一块大蛋糕,上面各种各样的电子元器件就相当于是蛋糕上的各种配料,一块儿蛋糕好不好吃,那当然和蛋糕上配料的多少有很大的关系。集成度就是指一块蛋糕,哦不,一块芯片上所含有电子元器件的数量,集成度越高,电子元器件数量就多;集成度越低,电子元器件的数量就少。

咳咳,这是一句废话,大家别管它了!

介绍完了集成度,让我们来看看这个单词SSI,看到SSI,你们会想到什么?念完就能获得财富的神奇咒语?还是外星人留下的求救信息？都不是！其实这是一个缩写，它的完整版是这个样子：Small Scale Integration。相信以你们的英语水平肯定是完全看不懂这个单词的。什么？看得懂？好吧好吧，我承认，是我小瞧你们了，扯远了，让我们回到正题。没错，Small Scale Integration 这个词组的意思就是小规模集成电路，它是指所含元器件数量低于 100 的集成电路，拿我们之前所用的蛋糕的比喻来说，这就是一块朴素的、简单的提拉米苏，没有丰富华丽的馅料但也是美味可口。由于集成度比较低，它往往被用来实现一些简单的功能，如与或门（好奇的小伙伴先别着急，后面会详细介绍的）。它诞生于 1960 年，由于集成度比较低，它虽然功能比较基础简单，但是制作成本也比较低，毕竟做一份提拉米苏相对比较简单，对吧。所以，千万不要因为集成度就小看它，它在许多电子产品当中也是必不可少的一分子哦。小规模集成电路虽然复杂度较低，但它仍旧具备一定实用的功能，并被广泛地应用于各种各样的电子产品之中，比如说咖啡机、面包机、豆浆机、自动贩卖机、收银台、电子秤、小型计算器之中。除此之外，由于它的结构简单，功能并不十分复杂，因此它也广泛应用于许多学校和电子发烧友的电子设计实验以及趣味发明之中。

接下来登场的是 VLSI。光看这个名字你们有什么感觉？是不是感觉和 SSI 很像？确实，差的只有开头的两个字母而已，想必也难不倒你们，VL 指的是 very large（非常大），与 SI 合在一起就是非常大集成电路，它的大名儿叫作超大规模集成电路。如果说小规模集成电路是提拉米苏的话，超大规模集成电路就像是一块巨大无比的生日蛋糕，分

> 这只是我起的小名，千万别当真！

了好几层的那种，每一层上面都铺满了各种各样的水果、巧克力、饼干……总之它的制作比起提拉米苏来说复杂了不止一个档次，当然也因此它的制作成本非常之大，这一点不仅是体现在材料的珍贵，而且也体现在制作工艺的精细上面。一般来说，超大规模集成电路上至少集成了100000个以上的电子元器件。想象一下这样一个场景：你邀请全班的同学去你家吃蛋糕，想要让每个同学都满意，就得按照他们的口味准备许多种不同类型的小蛋糕，但是其实还有一个办法：可以准备一块超级大的蛋糕，将这一块蛋糕的每一层都做成不同的口味，这样不就能用一块蛋糕来满足所有人的不同需求了吗？也就是说，超大规模集成电路可以将一整个电子系统集成到一个芯片上，用一块芯片，完成一个电子系统的功能。也许你会很疑惑，电子系统究竟是什么呢？这个其实也不复杂，也并不难理解。电子系统其实就是由许多个有着基本功能的小电路相互连接形成的具有特定功能的电路整体。打个比方说，电视机其实就是一个电子系统。

　　超大规模集成电路最早出现于1980年左右，在小规模集成电路出现（1960年）后的20年左右诞生，超大规模集成电路的研制成功极大地推动了电子技术的发展与进步，标志着微电子技术的一次巨大的飞跃。现如今，超大规模集成电路技术已成为了衡量一个国家综合国力与工业发展水平的标志，也是世界上一些主要的工业大国竞争的主要领域。

　　但就像有光照亮的地方，也必然存在着阴影，一个事物既然有好的一面，那也必然有它的缺陷。除了制

造难度大、制造成本高以外，由于超大规模集成电路的集成度非常之高，它的功率也较高，所以制造者们必须想方设法地提高热耗散，否则要是温度过高就会有元器件烧毁的风险。打个比方，家用电器在炎热的夏天如果不停地工作就极有可能会发生故障，于是科学家们就在电器上安装风扇，让它吹风带走热量，夏天的时候使用电脑是不是会经常听见嗡嗡嗡的声音？没错，那就是电脑的风扇正在工作呢，不然的话，电脑游戏玩着玩到一半就突然黑屏了，那岂不是很难受？除了功耗高需要散热之外，电磁干扰也是科学家们在超大规模集成电路上需要着重解决的难题之一，在一块芯片上集成过多的电子元器件会导致电磁干扰过强，从而影响它们的正常工作。想象一下你和一堆同学挤在一个小教室里上课，那么在课上你是不是会感觉到非常闷？你推一下我挤一下，在这里扎堆讨论昨天播出的动画片，还互相指责对方挤到自己了，在这样的情况下，大家还能好好听老师讲课吗？答案显然是不能。超大规模集成电路也是这个样子，超强的电磁干扰会使得各个电子元器件的工作不能正常进行，从而影响整块芯片的工作效率。

综合来说，超大规模集成电路拥有着集成度高、体积小、功耗低、性能高，以及故障率低等优点。在当今时代，由于人工智能技术和互联网的高速发展，会有越来越多的地方要运用到超大规模集成电路的技术，而随着技术不断发展，日趋成熟，集成电路的集成度也将进一步地提高，制造成本也将不断降低，未来它也将更为广泛地应用在我们生活中的各个领域。

看到这里你们是不是又坐不住了，GSI，和之前的 SSI 与 VLSI 相比，后面的俩字母又是相同的，也就是说不同点还是在前面的 G 上面，这次就不为难你们了，G 是指 GIGA，意为十亿，所以 GSI 指的意思是千兆级集成电路，又名巨大规模集成电路，它诞生于 1994 年。集成了一亿个电子元器件的 1G DRAM（动态随机存取存储器，一种半导体存储器，后面会详细介绍）的研制成功，标志着芯片技术正式进入了巨大规模集成电路时代，如果说，先前的超大规模集成电路是一块巨大的蛋糕，那么巨大规模集成电路就是一座以蛋糕为砖头建造出来的大厦、宫殿。在很多年前，人们根本无法想象集成了一亿个电子元器件的集成电路是什么样子的，而如今，它又切实地出现在了我们的眼前，这让人不得不感叹科技的力量。

集成电路中的量级

微米、纳米与埃米。看到这三个家伙的名字里面都带有米这个字，你们是不是想到了些什么？没错，和千米、米、厘米、分米一样，它们都是米氏家族的一员，也就是说，它们都是长度的计量单位，但是它们比厘米还要更小。拿微米来说，微米是一个长度单位，它是 1 米的 1/1000000，也就是 1 厘米的 1/10000，1 毫米的 1/1000，它通常用于计量微小物体的长度，比如亚洲人一根头发的直径就在 50～90 微米。而纳米则更甚之，它是1微米的1/1000，由于纳米是一个非常小的长度单位，因此它经常被用在集成电路中，用来描述芯片中各种元器件的尺寸，当电子元器件被做得足够小时，我们就可以用到"纳米"这个计量长度的单位了。或许拿出实例你们会更好的理解，哦！对了！我们日常生活中的一张纸，它的厚度大概就是0.1毫米，那么1纳米就是把一张纸均匀地分为100000张纸片，其中每一张薄薄的纸片的厚度就是1纳米。而埃米则比纳米更小，它是纳米的1/10，由于它实在是太小了，所以它经常用在晶体学和原子物理当中，在我们日常生活中不经常使用，呃，甚至可以说根本不怎么常见，所以你们也就不需要管它啦！

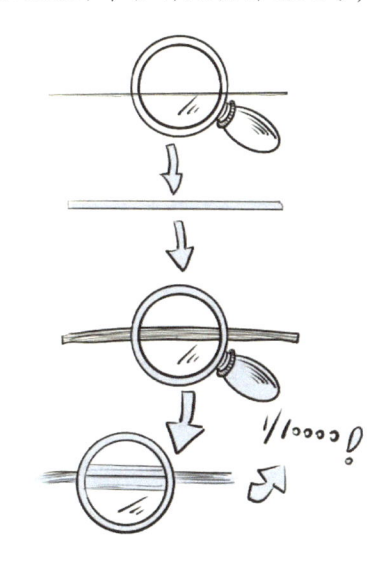

1. 微米

微米（μm）为长度单位，是1米（m）的一百万分之一，1厘米（cm）的一万分之一，1毫米（mm）的一千分之一，通常用于计量微小物体的长度。

> 埃米：？我不要面子的吗？
> 作者（冷漠脸）：对，你不要。

2. 纳米

纳米（nm）为长度单位，是1微米（μm）的千分之一，常用在集成电路当中，一张纸的厚度大约是0.1毫米，1纳米就是将一张纸切片切成十万张的纸的厚度。

3. 埃米

埃米，是晶体学和原子物理中经常用到的单位，是1nm（纳米）的十分之一，在我们的日常生活中出现较少。

4. 特征尺寸

特征尺寸通常用于衡量电子元器件在芯片上所占据空间的大小，特征尺寸越小，芯片可以容纳越多的电子元器件，集成度也就越高，也就可以实现更多的性能。试想，相同面积的一块土地，若是在上面建房子，肯定是能够建造更多的小房子而非大房子，在每个房子所能够实现的功能相同的情况下，肯定是建造更多的小房子更好。这样也就不难理解特征尺寸这个定义了。

芯片的发展历程其实就是其特征尺寸的发展历程：往更小的特征尺寸或者说更高的集成度的方向发展。在大规模集成电路（LSI）兴起的那段时间，晶体管的普遍尺寸为10微米左右。20世纪80年代到90年代期间，超大规模集成电路（VLSI）开始兴起，当时市面上集成电路晶体管的普遍尺寸为1微米左右，是大规模集成电路的特征尺寸的十分之一，别看只是十分之一，在芯片领域中，能够将特征尺寸缩小到十分之一在当时已经是一件十分了不起的事情了，因为随着技术的不断发展，增加集成度，减小特征尺寸会变得越来越困难，想要将当今时代集成电路的特征尺寸减小到十分之一更是不知道要花多少年的时间才能做到了。20世纪90年代到21世纪期间，集成电路进入了超大规模集成电路时代,晶体管尺寸达到了 0.25μm 左右;从 2000 年到如今,纳米级集成电路逐渐开始兴起,晶体管尺寸已经达到了 5nm。

随着时代的发展,人们对于集成度、特征尺寸的要求也越来越高,未来的集成电路要在特征尺寸减小的同时拥有更高的性能,这确实是一个巨大的挑战,但是我相信,在人类的不懈努力与奋勇拼搏之下,任何困难都将迎刃而解。

摩尔定律

接下来我要说的事情,你听了一定不要惊讶,它揭示了集成电路技术发展的神秘规律,掌握了这条规律,你将能"通晓"关于芯片更新迭代的动向。接下来我们要介绍的是摩尔定律。听名字就知道,这是一条由名字叫作摩尔的科学家所提出来的定律。但它其实也不真的是一条定律,更加确切地说,它其实是一条预言,或者说是根据经验总结出来并加以推演的预测,但是由于这个预测实在是太过于准确了,几乎根本没有怎么出过错误,因此,人们才将这条预言称作为"定律",这条理论的核心内容是:集成电路上所能够容纳晶体管每经过 18～24 个月便会增加一倍(也就是集成度会每过 18～24 个月翻一倍)。换句话说,处理器的性能大约经过不到两年便会翻一倍,同时价格下降为之前的一半。

所以现在你就知道了吧，摩尔定律其实根本就不是一条自然界中的科学定律，而是由摩尔根据自己的经验所提出来的预言，它相当准确地展现了信息技术发展的速度。

你可能会感觉很奇怪，为什么这样一条既没有实验验证又没有科学依据的"经验总结"便能被称之为一个"定律"，但其实这也很容易理解，举个例子，就好比突然有一个人跳到你面前，说你的平均成绩将会每一个月涨10分，刚开始，你可能是不相信，甚至可能会将这个人当作傻子，但是后来你慢慢发现你的分数真的在按照每个月涨10分的速度在进步！虽然有时候会有一些偏差，但是基本上还是维持在10分左右。你简直惊喜得要晕过去了！这时候你就会不得不感叹那个人预言的准确了，并且还会对预言者产生一种信服的感觉：哪怕下次的考试还没来，你都会笃定地相信自己还是能够稳定地进步10分。摩尔定律也是如此，它是一种对于发展趋势的分析预测，因此对于它的准确度应当被给予一定的宽容度。在这样的一个基础上，摩尔定律多次精准的预言证明了它本身的正确性，也因此得到了许多业内人士的认可并产生了巨大的影响。

摩尔定律归纳了信息技术发展进步的速度，从小规模集成电路到大规模集成电路、从超大规模集成电路再到巨大规模集成电路，摩尔定律的价值是难以用金钱来衡量的，它对于整个

世界意义深远、影响深刻。而且科学家们都预测：摩尔定律在未来还会适用，但随着晶体管的性能不断发展至极限，摩尔定律终将迎来它的尽头。就拿你的成绩来说吧，每个月都会进步10分，总有一天你会考到满分，这个时候，神奇的"进步预言"可不就失效了吗？毕竟，你不可能考出比满分还要高的成绩了吧？

摩尔定律的内容并不是从它被提出起就一直延续到今天的，事实上，摩尔定律在1975年的时候进行过一次更正，根据当时的实际情况，摩尔将摩尔定律中"一年翻一番"更改为"两年翻一番"，而实际上，更为准确的表述其实是"每18个月翻一番"（取二者的平均）。

近几十年来，人们一边惊叹于芯片制造工艺的提高，一边又感叹于摩尔定律的准确，但是，随着芯片的不断发展进步，总有一天摩尔定律会走到尽头，那也标志着世界的芯片的发展跨进一个全新的领域，未来的道路，就要交给此时正在阅读这本书的你们去探索了，不管如何，我始终坚信：一代人有着一代人的"摩尔定律"。毕竟，科学探索道路是永无止境的，不是吗？每次考试都能进步的你，一定可以找到新的摩尔定律，对不对？有点自信嘛，热爱思考的朋友，什么都做得到的哦。

模拟集成电路
——车辆和人在马路上走，那电路呢？

模拟集成电路，就是指处理模拟信号的集成电路，看到这里你可能会产生疑问：什么是模拟？什么又是信号呢？那么，让我们首先来了解一下模拟信号的含义。

信号

信号是用来传递信息、指示状态或控制过程的物理量或物理现象，举个例子：你在放学回家的路上听见了蝉鸣声，那就说明夏天到了；你放学回家后闻到了番茄炒鸡蛋的香味，那么你就知道今天的晚饭有番茄炒鸡蛋；进入家门后感觉凉爽的冷气扑面而来，你便知道家中已开好空调静候你的归来。上述例子中所说的声音、气味以及温度都是信号，它们都能传递信息，再比如说我们生活中最最常见的光信号，因为有它，你才能看见万事万物。

简单来说，电视机就是将电信号转化为光信号和机械波（声音）信号，让你能从中获取信息。它的大致流程其实是这样的：先用摄影机或录像机将图像拍摄下来，然后将拍摄好的图像转化为电信号，最后将电信号传输到家里的电视机上，再用电视机的电路将电信号变回光信号。最后呢，光信号进入到你的眼睛里，你接收到了信息。

而提及模拟，你又会想到些什么呢？是模拟考试？还是在电脑上玩过的各种模拟器游戏？其实模拟信号中的模拟和上述内容基本上都不怎么搭边，模拟信号中的模拟主要指的是这类信号连续而不间断的特点。

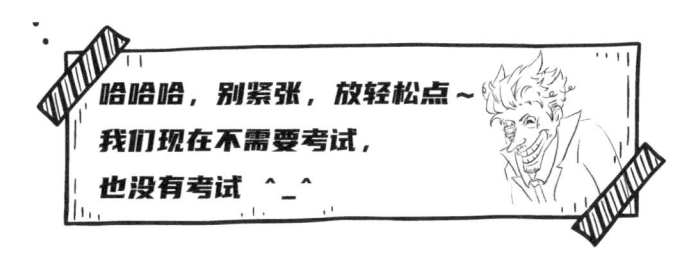

**哈哈哈，别紧张，放轻松点~
我们现在不需要考试，
也没有考试 ^_^**

模拟信号是用连续变化的物理量来传递信息，因此它也被叫作连续信号，连续也是很好理解的，请好好看看下面这几幅图片。

左边这幅图就是一条连续的曲线，它可以一笔画出，中间不会有任何的中断，而右边的线条中间有着明显的间隔，如果左右这两条线分别是两条自行车赛道的话，很显然虽然左边这条赛道陡一些，但是至少努努力还是能走，但右边这条赛道中间有一个"大坑"，没点"飞跃"的能力是过不去的。讲到这里，你们应该可以看出左图是连续的而右图是不连续的。

在广阔的自然界当中，人们能够直接感受到的声音、光线、温度等都属于模拟信号，除此之外，还有一些看不见摸不着的信号，如电信号、磁信号等也都属于模拟信号。模拟芯片处理模拟信号的方式有很多种，如感知信号、放大信号、限制信号、过滤信号……让我们来看看几个具体实例：传感器芯片可以用来感知并获取来自自然界的模拟信号，并将其转换为电信号；放大器芯片则可以将获取到的微弱的模拟信号进行放大，同时滤去噪声；收发器芯片则能将处理好的模拟信号传送到另外一个芯片当中。每种芯片都有各自处理模拟信

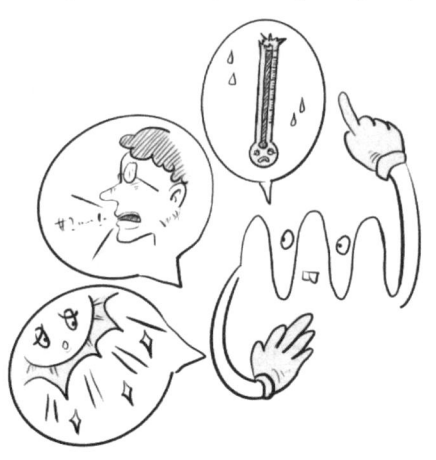

> 你应该没有看到或者摸到过吧？
> 　　温馨提示：
> 　小朋友突然看到、听到别人感受不到的东西，记得及时去医院哦，你有超能力的概率很小，但是疾病找上你的概率很大哦！

号的方式，怎么样，是不是感觉和你们学习知识的过程很相像？首先在课堂上由老师给你们讲授知识，下课后自己去复习消化今天所学的内容，把它变为自己所拥有的知识，然后用作业来检验自己学习的成果，最后将完成好的作业上交给老师进行批改。这么说来，其实没准儿芯片的行为模式就是参照了人类的行为设计的呢。

> 这里的噪声不是你在马路边上看到的一直在变动的多少分贝的"噪声"啦，而是指掺杂在有用信号中的杂波。

模拟集成电路

先前也说过了，模拟集成电路就是处理模拟信号的集成电路，包括但不限于放大、减小、产生、采集、限制等。举个简单的例子：放大，老师上课的时候怕讲台下的同学们听不见自己的声音，于是佩戴上小蜜蜂来扩大自己的音量使得班上各个角落的

同学都能够听见自己的声音；减小，讲台下睡觉的你嫌老师上课讲课的声音太吵打搅你睡觉，于是你便戴上耳塞减小老师的讲课

当然这是绝对不正确的，希望各位读者不要学习这种行为哦！

声；产生，老师为了传授知识，于是通过说话发出声音的方式来让同学们听到他所要教给你们的知识；采集，同学们上课时为了方便自己晚上回家复习或者做作业，选择用记笔记的方式将老师所讲的重点记录下来，就是采集信息（毕竟老师一节课 45 分钟的时间可能也会讲一些课外话题，这时就需要你们将重要的信息采集下来）；限制，家家户户都会在厨房中安装吸油烟机，就是为了不让厨房的油烟味飘入其他房间中造成不好的影响，这就是属于限制油烟的传播。

你也不想在家中学习或者玩乐的时候闻油烟呛到吧 ^.^

模拟集成电路一般可以分为三类，分别是通用型电路、专用型电路和单片集成系统。通用型电路就是指在许多地方都会用到的电路，也就是说它的功能属于基础功能，普通但必不可少，打个不太恰当的比方：通用型电路就是一块砖，哪里需要哪里搬，这便对应了通用型电路在许多电子设备中应用广泛的地位，因此

厂商可以大量生产；而专用型电路顾名思义就代表着一些功能特定且专一的电路，即只能在某些特定的场景下被使用，对于工作环境有着独特的需求也能满足一些特定的要求，这就好比在墙角的地方，装修师傅将瓷砖切成符合要求的形状，再将其贴装好，当然，切割之后的瓷砖就是专属于这个墙角的了，如果把它拿出来，很难再找到符合这块瓷砖形状的别的墙角了。而单片集成系统与前两者不同，指的就是用独立的一块芯片去解决完成元器件的电路功能，前两者（通用型电路和专用型电路）都需要彼此组合在一起才能完整地完成处理模拟信号的功能，而它自己就可以完成一些简单的功能，比如说用一块芯片完成录音机的全部功能。

> 当然现在好像还没有这么高端的芯片，总之能懂这个意思就行了 ^-^

模拟集成电路有许多优点，它精确、稳定、速度快的同时制造成本也相对较低；与此同时它也有着不少的缺点，主要是容易受到温度以及外界的电磁干扰等因素的影响，这些问题需要科学家们人为地增加一些电路来解决，这个步骤是极其复杂的，同时，模拟集成电路的使用寿命较短，往往容易损坏，就像是一束娇弱的鲜花，必须捧在手心里细心呵护。

> 这个之前也提过，你们应该没忘记吧？

由于近年来市场对于消费型电子产品（手机、电脑、ipad等）的需求增加，模拟集成电路的发展与进步亟须加快脚步。模拟集成电路主要是运用于电子系统当中的，在它历时数年的发展中，已经逐渐在我国包括工业、通信、能源等领域中发挥着重要的作用。别觉得我在吹牛哦，不信的话可以自己上网搜搜看或者问问自己的爸爸妈妈。模拟集成电路就好比一座巨大的金山，人们现在所利用到它的价值不过是"金山一角"，还有很大一部分的金子埋藏在地底下，正等着科学家们去挖掘。随着时代的发展与科学的进步，模拟集成电路已经渗透在了我们生活中的各个角落，想象一下你的生活中要是没了手机会变成什么样？换成是我的话根本想都不敢想，上网查资料、和家人朋友发消息都做不到了嘛！模拟集成电路的应用十分广泛，而模拟集成电路的性能高低也是评价一个国家综合国力的重要指标，模拟集成电路技术发达的国家综合国力往往较强。目前来说，模拟集成电路的发展方向有以下几个方面：第一那必然就是性能的要求了，科学家们需要努力增强芯片的性能，让它变得更加智能与灵敏，举个例子，一个人想要提升自己的综合能力，首先是努力提高自己的各种本领，努力学会各种各样的技能；第二就是想方设法延长其寿命以及可靠性，让芯片的长期质量得到保证，对应到人的身上就是锻炼身体，拥有一个强健的体魄，这样才不容易生病，能够长命百岁；最后，由于许多电子产品的制造中都要运用到模拟集成电路，因此，科学家们要

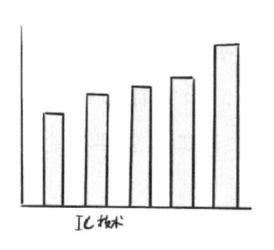

> 你难道不觉得有一个既会给你做烧烤，又能辅导你的功课，还能带你打游戏的老爸是一件非常酷的事情吗？

尽量想办法降低制造成本。再举个例子，培养一个优秀的人才肯定是希望他能够具备多项技能的，但是，最重要的是，你总不能为了做一个芯片把全国的钱全都花光吧。

> 虽然有点夸张了哈，但是某些小说里的人物就是这么极端，小朋友不要学！

我国集成电路产业经过数年的发展，已经形成了良好的产业基础，但是，在顶端芯片的制造水平方面还有些许的不足，未来还需要付出更多的努力才行。当然了，我们国家也是有着发展模拟集成电路的巨大优势的，比如说我国有着广大的市场，对于模拟集成电路的发展留有广阔的空间。我国目前在模拟集成电路的发展方面还是经验不足，需要多学习他国的优秀经验，多多培养这方面的顶尖人才。充足的内需市场，广阔的自然资源（生产芯片的原材料）与充实的人力资源这些都是我国发展模拟集成电路的底气，相信在不远的未来，我国也会成为新一个世界集成电路制造中心！我坚信这一点，我希望你们也能够坚信这一点。

好了，接下来，让我们来仔细地研究一下模拟集成电路中的典型产品——放大器芯片。

> 毕竟咱们国家人多，而现在每家每户都离不开电子产品，都需要购买电子产品。

放大器芯片

众所周知，放大器芯片是最为经典的模拟集成电路。从名字就能看出来，放大器芯片，也就是将模拟信号进行放大的芯片。欸？为什么要将模拟信号进行放大呢？其实这个问题的答案并不复杂，事实上，自然界中很多的模拟信号，其实都是非常微弱的，在没有放大器之前，人们都难以探测并且捕捉到它们，因此人们就发明了放大器，利用放大器来将这些自然界中非常微弱的信号进行放大，然后观测，最后再进行处理。就比如说在没有任何工具辅助的情况下，在一片大草地上找到一只小小的蚂蚁是非常费眼睛的一件事情，这个时候，如果拥有一个放大镜，就可以轻松地看见蚂蚁在草地上的各种进食和玩耍打闹……放大器也是一样，但它放大的不是蚂蚁而是模拟信号，这样就能理解放大器的作用力了吧！

在 1962 年，美国 EG&GPARC 公司发明了第一台锁相放大器，这标志着放大器的问世。放大器的诞生使之前许多难以探测到的微弱信号能够被人类成功捕获并进行处理，这极大程度地推动了科学技术的进步，1963 年，Fairchild 公司（仙童公司）推出了首款集成放大器，正式开启了模拟集成电路的时代。

简单来说，放大器就是一个将输入的信号放大再输出的器件，有很多的参数影响着它的性能，如增益、带宽、线性度、噪声、芯片面积、功耗与信号摆幅等。理论上来说，我们肯定希望

> 有点儿深奥哈,不过没关系,这些东西很多人都不知道什么意思,要是不理解也无可厚非,你们要是感兴趣可以自行上网查资料~

所有的指标都越优秀越好,但实际上,当我们努力将某一个参数提升优化时,其他的性能参数往往就会降低,这也就是说,我们无法做到同时将所有的性能参数都拉满,正是应了那句老话:鱼与熊掌不可兼得,因此,我们必须仔细思考,寻求最优解。当然了,在我们的日常生活中也经常会遇到选择的难题,我们总是无法将所有事情都做好,有时候只能不得不牺牲一件事来换取另外一件事的成功,这个时候你就要思考到底是哪一件事情带给你的收益更大?要是执意追求两全其美,会不会反而落入两害相权取其重的境地?大家可以好好思考一下这个问题,在日后若是遇到了相同的情况,也能妥善地给出解决方案,既节省时间又节省精力。

哦!经过先前的介绍,相信大家已经对模拟集成电路产生了浓厚的兴趣。那么你有没有思考过这样一个问题:这么好用的模拟集成电路到底是怎么被设计出来的呢?这就不得不提到电路仿真程序了。那么程序是什么东西呢?简单来说,程序就是电脑(计算机)中用来解决问题或者实现特定目标的东西,比如说,电脑中的浏览器就是一个简单的应用程序。那么电路仿真程序,它所要解决的问题,或者说它

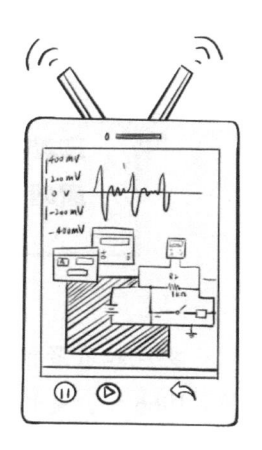

所要实现的独特的目标究竟是什么呢？这个其实从名字当中就能看出来了吧，电路仿真程序其实就是指用来模拟电路制作的程序。就和微机课上所用到的画板工具差不多，在一张画布上面设计电路，但它要比画板专业得多。那么为什么我们要用计算机来进行模拟呢？直接在草稿纸上面画不是更直接更快吗？嘿~还真不是！实际上是因为对于集成电路而言，许多微小的电子元器件非常紧凑地排列在一起，这就导致它们经常容易产生一些相互之间的影响，因此我们就需要进行人为的分析，将这些电子元器件合理地排布从而尽可能消除这些不良影响，但是如果用手工画图的计算方式来分析电路的话，首先，它的效率非常低；其次呢，它也不是非常的精准。这个时候人们就想到了计算机，毕竟比起人类来说，计算机犯错的概率是很小的，拿它来进行模拟电路仿真，人们可是100个放心、1000个安心。

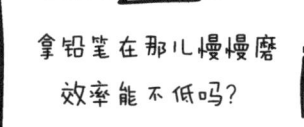

> 其实并不简单

> 拿铅笔在那儿慢慢磨效率能不低吗？

> 你能做到徒手画出一个标准圆吗？应该不行吧？

要说起最最经典的电路仿真程序，那肯定是少不了SPICE的。1966年，美国的一位教授在课堂上让学生们自己做一个电路仿真程序出来，所有学生中只有一位最终完成了他的任务，这

个学生将该电路仿真程序命名为 Cancer，后面改名为 SPICE。而如今，SPICE 已经成为世界上主流的模拟电路仿真器，许多公司都用它作为工具设计集成电路。书前的你也想成为像小故事里一样的顶尖科学家吗？那就努力吧，未来的路还长着呢，当然，只要保持积极探索的好奇心，以及永不畏惧艰险、永远迎难而上的坚定信念，那么未来的世纪科学家名人堂中，也许会有你的一席之地！

数字集成电路
——难道是用数字构成的电路吗？

哈喽，大家好啊，我们又见面啦，这一次，我们要讲的是数字集成电路。在先前的章节中，我已经详细地为大家介绍了模拟集成电路以及模拟信号。我们今天要讲的，就是与之对应的数字集成电路和数字信号了（填坑咯）。之前我们也说过，模拟信号其实就是指连续不间断的信号，而数字信号则是离散的，那什么是离散呢？用小学老师教的拆字法就可以很容易知道，离散其实就是指分离和分散嘛，那自然也就是指不连续咯，那么到这里，我们已经很清楚了：数字信号其实就是指间断的，或者说有突变的，而不是连续变化的信号。突变就是指突然变化，这个应该懂吧，比如说，你的考试分数不管是增加还是减少，它其实就是突然变化的，因为它要是改变，就只能从一个数突然变化到另外一个数。好了，讲了这么多，还是让我们回到今天的正题，数字信号吧。在介绍数字信号之前让我们来见见两位老朋友吧，容我先卖个关子，正在阅读本书的大家肯定都见过它们，也打过不少次的交道，在数学作业和考试中常常能够见到它们的身影，因为这俩老伙计可是一切数字运算的基础，在数学发展史上有着举足轻重的地位，怎么样，现在大概能猜到它们是谁了吗？

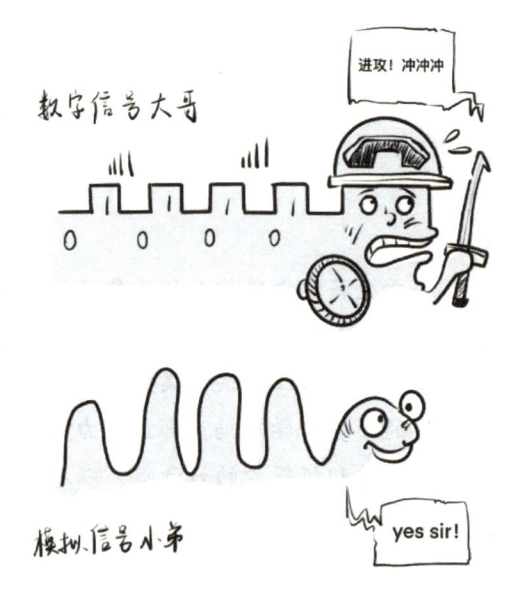

没错，就是"0"和"1"，这两个简单的数字共同构成了整个数学学科的基石。不知道在座各位对进制了解多少呢？我们日常生活中所运用到的进制其实是十进制，也就是每逢十则进一，举例来说一个班级订购作业本的数量、统计交学费的人数、考试分数或者考试的及格人数，这些其实都是用十进制表示的数。而二进制，其实也就是每逢二就要进一，与十进制中只有0到9这10个数字类似，二进制中只有0和1这两个数字。看到这里，你是不是想到了什么？从1这个数降到0或者从0这个数升到1，这不就是满足我们之前所说的突然变化这个条件吗？如果还有朋友不理解，那就再举一个具体的例子吧，假如你有一个苹果，下一刻这个苹果突然消失了，即从1个苹果变成0个苹果了，这就是不连续变化，但是如果是你慢慢将它吃掉，它在你手里从1变为0就是一个相对连续的过程。现在是不是有一种恍然大悟的感觉？没错，0和1，其实就是我们常用的数字信号，也是数字芯片处理的运算对象了。OK，主角已经登场了，可以进入今天的重头戏了。

布尔逻辑

一位名叫布尔的人步履蹒跚地在黑暗中缓慢移动，在伸手不见五指的阴暗环境中，他只能摸着墙壁慢慢地往前挪动，周围的环境中时不时会发出"沙沙沙"的声音，是老鼠吗？他心里这样想着。冷风一阵又一阵地朝他吹来，吹得他的身体一直不断地颤抖着。突然！不远处传来重

物落地的声音，他直接猛地一抖！迅速向周围看去，但是在黑暗中，什么也看不见，慢慢平复好心跳和呼吸之后，他总算缓过神来，就在这时，他的手仿佛触碰到了一个像是开关的东西，沉闷的脚步声从他背后响起，他来不及多想猛地按下开关！霎时，灯光大亮……

嘿嘿，有没有被我的这个恐怖故事给逗笑？感谢布尔先生友情参演，大家是不是在想我为什么要在这里摆上一个小故事？告诉你们吧，故事最后的开灯剧情和我们待会要讲的内容有关联，总结：开灯是重点。

那么这又是为什么呢？这和我们要讲的布尔逻辑有什么关联呢？众所周知，开关是用来控制灯泡的亮灭的，开关打开，灯就亮；开关关闭，灯就灭。通常情况下我们只需要一个开关就行了，但有些时候我们会用到两个开关，没错，在大多数情况下一个开关就可以控制一个灯泡的亮灭了，我这么说（用两个开关控制灯泡）你可能会觉得我这是多此一举，是的，我很久之前也是这么想的，明明只需要一个开关就能解决的问题为什么偏偏需要用到两个开关呢？其实这样做的原理是……啊，有点跑题了，欲知后事如何，请君往下阅读。说回用两个开关控制的灯泡，一个开关按下了，它还不会亮，必须要两个开关同时按下，这个灯泡才会亮，就好比工厂一件货物的加工程序，一件货物必须要经过两道加工程序才能被制造出来，这两道程序中，但凡少了其中一道（不管是哪一道），这些工厂

> 小知识，是 turn on，而不是 open 哦！

> 同理，是 turn off，不是 close 哦！

货物最终都不会被制造出来，这也就是说明了制造流程的必要性，二者缺一不可。或者我们可以换一个例子，想象你此时此刻正站在一条宽阔的大河面前，耳边是大浪拍打岩石的声音，眼前是奔流不息的河水，面前只有一座桥，要想跨过这条宽阔的河，你就只能走这条"必经之桥"，但不巧的是，这座桥上刚好有两个地方缺了两个窟窿，必须把这两个窟窿全部补上，你才能安稳地到达对面，但凡有一个窟窿没有补上，你都无法安稳地到桥的另外一边，而我刚刚想要说的用了两个开关控制一个灯泡的原理其实也是如此，必须两个开关都合上这个灯泡才会亮起，但凡有一个开关没有被关闭，这个灯泡都不会亮起，这就是数字电路中常用的"与"逻辑了。"与"这个字就代表着和、共同的意思，你与我，也就是你和我、你我一起、你我共同的意思，必须齐心协力，才能解决问题。只有两个开关一起合上，灯泡才会亮起，也就是两个开关团结在一起，"齐心协力"最终点亮了灯泡，一个都不能少！而与之对应的则是"或"逻辑，"或"也很容易理

> 真有这样的同桌也不要害怕，
> 要积极寻求老师或家长的帮助哦！

解，就是说两者之中只要有一个能够发力就可以了，另外一个就可以什么事情都不做，就比如说你和你的同桌被老师要求共同完成一项小组作业，但是懒惰的同桌选择把所有的事情全部交给勤奋的你，于是优秀的你一个人挑起重担最后完美完成了作业。同样是两个开关控制一个灯泡，但和"与"逻辑不同的是，在"或"逻辑中，这两个开关只要有一个开关合上，灯泡就会亮起。只有当两个都开关都处于关闭状态的时候，灯泡才会熄灭，当然啦，两个开关都开启，那灯泡肯定也是会亮的。就好比说你要渡过一条河，这时你面前有两座大桥，但是这两座大桥上各有一个窟窿，这个时候你不管修补哪一个窟窿都可以顺利地穿过大桥。当然，如果你闲着没事干啊，也可以把两个窟窿都给堵上，就当是为民造福了。到现在为止就已经很清楚了吧，"与"逻辑是必不可少的"条件"，全部满足才能完成任务。而"或"逻辑则是一个选择，完成一件事的不同方法、道路，任选一条都能够将这件事给漂亮地完成。

　　OK，今天就先讲这么多了。下面会把"0"和"1"加入布尔逻辑当中，让它们进行巧妙的变换。

"0" 与 "1"

刚刚，我们简单地介绍了一下布尔逻辑，也就是"与"逻辑和"或"逻辑，上次咱们是用灯泡的开关来解释的，这一节中，我们将正式引入"0"和"1"，我们用"0"来表示开关的断开（即 turn off 所表示的"关闭"）以及灯泡熄灭，而用 1 来表示开关的闭合（即 turn on 所表示的"打开"）以及灯泡点亮，先前我们已经说过了，"与"逻辑代表的是共同，也就是说要两个开关都开启了，才能表示灯泡亮起，其中只要有一个开关没有闭合，那么灯泡就不会被点亮，也就是说 1（开关闭合）"与" 1（开关闭合）得 1（灯泡亮），1（开关闭合）"与" 0（开关断开）得 0（灯泡灭），0（开关断开）"与" 0（开关断开）得 0（灯泡灭），听上

> 前面这句像咒语一样的话中，
> "与"代表的就是将它左右两个数做"与"
> 运算的意思！

去确实有点绕哈，但是你只要记住一件事，那就是："与"运算中只要出现了 0，哪怕只有一个 0，那么结果都只能是 0，这也很好理解吧，一座桥上有非常多的窟窿，但凡其中有一个没有被补上，你都无法过河，对吧？而"或"逻辑也类似，1（开关闭合）"或" 1（开关闭合）为 1（灯泡亮），1（开关闭合）"或" 0（开关断开）为 1（灯泡亮），只有 0（开关断开）"或" 0（开关断开）为 0（灯泡灭），这样说来，也有一个小总结，那便是："或"运

1 "与" 0 = 0

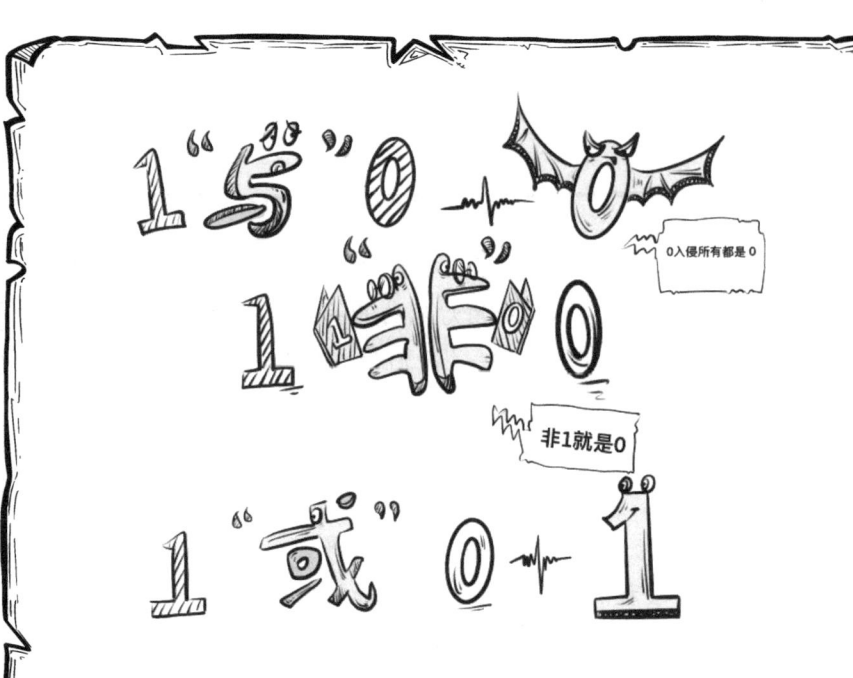

0入侵所有都是0

1 "非" = 0

非1就是0

1 "或" 0 = 1

算中只要有1，那么结果最终肯定是1。那么好，你们现在已经了解了数字逻辑中的基础，哦！等等！还有一个东西忘了说了，那就是"非"逻辑，这一位与之前登场的两位稍有不同，"非"逻辑只有一个运算对象，从字面意义上来理解，"非"就是不是、不的意思，也就是说"非"1为0，而"非"0为1，就是反过来，这个应该比前面的"与"和"或"要简单很多吧，"非"开关开启不就是开关关闭的意思吗，那灯泡不就自然而然地灭了嘛，对吧。

至此，你已经了解了数字逻辑与数字集成电路最基础的东西了，虽然只是最基础的东西，"与""或""非"三种逻辑也确实非常简单，但是倘若我将它们组合在一起，大家又该如何应对呢？呃，好吧，对于现在的你们来说，学习这个还是为时尚早，感兴趣的同学可以自行上网查找"组合逻辑"相关的资料学习，当然了，我还是建议一步一步循序渐进，稳扎稳打才能将步子踩实了。

设计流程

好啦，接下来讲点儿简单且轻松愉快的知识吧！经过了上面的学习，大家可能会对数字集成电路的设计产生了浓厚的兴趣，说不定你以后也会成为优秀的数字集成电路设计师呢，不过这些都是后话了，让我们先来看看数字集成电路的设计流程吧。首先呢，你需要 **[了解]** 你所要制作的这块集成电路的功能、性能和规格等要求，这就好比是你做的数学题的题干，要做题先读题，这些要求当然都是客户提出来的，设计师就按照客户的要求对集成电路要完成的功能进行初步的分析，规划好蓝图才会有接下来的制作步骤，毕竟，做一件事总得有个大体的规划吧。确定了大体的蓝图之后就要开始着手进行 **[逻辑设计]** 了吧，什么？逻辑设计是什么意思？这个嘛，数字集成电路中要运用到很多布尔逻辑来实现它处理数字信号的功能，也就是用那些最基础的布尔逻辑（与、或、非）相互组合而成的高级逻辑来满足客户的功能需要。设计完数字电路的逻辑之后，就要开始 **[电路仿真]** 了，这个大家应该还记得吧，就是之前讲过的，用计算机的电路仿真程序（SPICE）进行模拟来验证电路的可行性与性能。紧随其后的便是 **[物理设计]**，逻辑设计考虑的是怎样用逻辑实现功能，偏理想情况一点，不需要考虑任何的实际情况；而物理设计则要加入实际情况来进行考虑，比如说考虑器件的尺寸与排布给电路带来的影响等（这就像你制定计划的时候，非常理想，真到做起来，发现问题很多）。设计结束后总是要经过验证的，对吧，那么接下来的第五步就是[设计验证]，用来对设计好的芯片进行检验，就像是你每次考试写完卷子后交卷前都是要检查的，不是吗（当然如果卷子都写不完就另说了哈）。最后的最后，那不就是你我皆知的[实际生产]了吗，至此，数字集成电路的设计流程圆满完成！

型号命名

哈！这个还是比较有趣的，数字集成电路种类繁多，那么人们是怎么给它们起名的呢，这些都是有讲究的，且听我娓娓道来。数字集成电路的型号，一般由前缀、编号和后缀三个部分组成，前缀一般代表的是制造厂商，如CS（这可不是那个最经典的枪战游戏哦）表示的就是美国齐瑞半导体公司，MC（同上，这也不是那个最经典的沙盒游戏哦）表示的是美国摩托罗拉公司……这就像是父母的姓一样，看名称前缀就知道它是哪个厂制造出来的，这也是它身份的重要标识之一，中间的数字一般代表着它的功能所属或者说电路型号，比如说AD就表示模/数转换器，当然，这个对于目前的你们来说还是太过超前，所以暂时只需要了解一下就好啦。最后一个部分，后缀，一般表示这个集成电路的温度范围和封装形式，温度范围就是工作温度范围，也就是说只有在这个温度区间它才能够正常工作，否则的话可能会产生一些你不想看见的后果。封装形式的话，你们在之后的章节中会遇见，这对集成电路来说还是非常重要的。

总结

　　接下来是升华部分，可能会有些无聊，但是我还是真心希望大家能够认真读完，实在不想看的可以自行跳过。数字集成电路的发展，对于我们国家的科学技术发展有着非常重大的意义。它在我们生活中的各个角落都发挥着非常重要的作用，数字集成电路的发展使得计算机的性能得到了很大的提升，多亏了数字集成电路，如今的计算机才能有这么强大的性能，才能够实现很多以前都无法实现的功能，才能更好地辅助人类进行科研工作。同时，集成电路在生产上的优化，也极大地降低了能源的消耗，让人们开采资源变得更加的节制，这在保护环境方面也起到了巨大的作用。同时，数字集成电路的发展还推动了科技进步与创新，不仅仅是在信息化通信领域，在交通、医疗、传媒、教育、餐饮等多个方面数字集成电路也占有举足轻重的地位。当然啦，数字集成电路的进步还在很大程度上推动了经济的发展，在以往数字集成电路产业还没有兴起的时候，国内培养该方面的人才也较少，而现如今在这个全世界都大力推动集成电路发展的时代，我们国家也是不能落下的，数字集成电路产业为我国提供了很多的就业岗位。简而言之，数字集成电路真的很重要！中华之崛起，中华民族的复兴，离不开数字集成电路的发展！希望书前的你们能够好好学习，日后也为我国集成电路的发展尽一份力。

数模混合集成电路
——混合？芯片界也有混合双打吗？

在前面的章节中，我们已经对数字集成电路和模拟集成电路有了一个初步的了解，那么现在，就来学习一下数模混合集成电路吧。它与之前学过的数字集成电路和模拟集成电路相比，不同的只有前面多了两个字"混合"，这个词代表的是什么意思呢？想想抽奖游戏，把代表不同奖项的不同颜色的彩球放在一个盒子里面，这不就是混合嘛？又或者，其实你们生活中所接触到的医用酒精，它并不是纯粹的酒精，它是将酒精和水按照一定的比例混合后的产物，那么由此可得，数模混合集成电路其实就是将数字集成电路和模拟集成电路混合后得到的产物了。也就是说，它兼具了模拟集成电路和数字集成电路的功能，所以它既可以处理模拟信号，又能够处理数字信号，它常常被用在通信、信号处理和控制系统当中。单一的一个模拟集成电路或者数字集成电路的功能就已经够强大了，那么可想而知，将这两种集成电路混合在一起会产生多么巨大的效果，好啦，接下来让我们一起来学习一下这个常见的数模混合集成电路，也就是模/数转换器，让我们揭开它神秘的面纱，一探究竟吧。

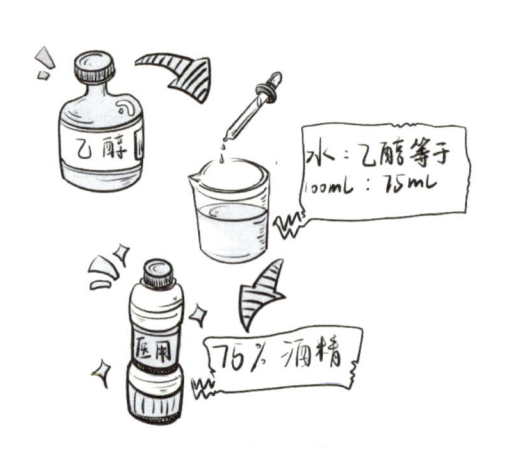

模/数转换器

模/数转换器，简称 ADC，通常是指将模拟信号转换为数字信号的电子器件。先前我们也讲过模拟信号是随时间连续变化的信号，而数字信号是不连续的、取值都是离散的信号。所以要将模拟信号转换为数字信号，我们就需要将连续的值转化为间断的值。就和钟表一样，指针式的钟表可以绕一整圈，你可以看见指针丝滑地扫过表盘的每一块地方，就相当于是模拟信号，而电子钟只能够显示整数的时、分与秒，这就相当于是数字信号了。那么为什么我们要将模拟信号转换为数字信号呢？就让它是连续的不好吗？好，但是太难处理了。要知道模拟信号是我们自然界中的各种声光电之类的信号，这类信号复杂多变，很难表示，而我们现在计算机中所使用的，其实都是数字信号。计算机只能处理离散的、能用数字写出来的具体数据，但是模拟信号它是连续的，无法用具体数据描述，所以计算机是无法对模拟信号进行处理的，我们需要对模拟信号进行数字化的处理，毕竟让计算机去处理模拟信号还是太为难它了，这就跟让你去看一本全甲骨文的科普书一样，你能看得懂吗？我打赌你肯定看不懂。所

> 就像你无论之前写了多少个 9，也永远能在 0.9999999… 和 1 中找到一个中间数

以呢，你就需要一个翻译机对不对？让这个高科技翻译机来帮助你把甲骨文翻译成你能看得懂的现代文字，没错，模/数转换器其实也是相似的功能，它就是一个将模拟信号转变为数字信号的翻译器，只有这样，计算机才能够"看得懂"这些信号。当然了，除了让计算机看懂以外，还有很多别的原因，比如说，信号在传输的过程中容易受到干扰，而模拟信号特别容易受到干扰，并且这种干扰影响也很大，一般来说是非常难以去除的，那这可不就糟糕了吗，要是在战争时期，即使是一段非常小的信号出现了差错，造成的打击就可能是毁灭性的，甚至有可能直接影响战局的走势。因此，这个时候你要先将模拟信号转化为数字信号再进行传输，因为数字信号不容易受到干扰的影响，接收者最后再把数字信号重新转换为模拟信号，这样一来，就能够轻松地进行信号的传递了，而且也可以减少一些干扰的影响。那么模拟信号是如何转变为数字信号的呢？首先就需要进行【采样】这一过程，那什么是采样呢？就是把模拟信号按照一定的时间划分为不同的阶段，这个可能难以理解，请大家好好理解我接下来要说的话：比如一段曲线，你的手握着笔沿曲线方向移动，每隔1s在曲线上竖直画一条线，按照这个方法，把曲线分成很多个小线段，这就是采样。采样完成之后，第二步就要开始进行【量化】，由于模拟信号是一个连续变化的值，就像量筒里的水，我们可以将刻度1到10设定为等级一，11到20设定为等级二，21到30设定为等级三，31到40设定为等级四，41到50设定为等级五，最后进行编码，也就是将等级一、二、三、四、五设定为二进制的数字，这样就

满足数字信号的定义了，那么这就是模拟信号转化为数字信号的全部过程了，至此，模拟信号转化为数字信号就全部大功告成了。当然啦，既然有模/数转换器，那当然肯定也会有数/模转换器喽，没错，数/模转换器就是把数字信号变回模拟信号的这么一个转换器，当然了，它的原理比起模/数转换器来说还是会更加复杂，所以这里就不过多赘述了，感兴趣的小伙伴可以上网查询相关资料哦。

模/数转换器的应用

通过上面的介绍你们应该也对模/数转换器有了一个初步的了解了，那么接下来我们就来具体讲讲模/数转换器的实际应用吧。首先就是我们熟悉的音乐录制了，在音乐的声音录进麦克风后，传输过程就要用到模/数转换器，这个之前也是说过的，要是没有模/数转换器，声音在传输的过程中非常容易受到干扰，如果没有先将它转换为数字信号这一过程，一来二去到你耳朵里的就将会是全损音质，想想都觉得难受，所以这时候模/数转换器就显得尤为重要了。除此之外，模/数转换器在各种科学探测仪器中也

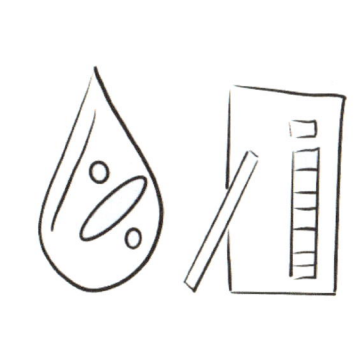

有着广泛的应用，比如说温度、湿度以及pH值（酸碱值），这些都是模拟信号，我们就是要将这些模拟信号转化为电脑能够识别和处理的数字信号。当然了，数/模转换器也有着相似的作用，只不过数/模转换器是将数字信号转换为模拟信号，比如说将一段数字化的信息转化为光信号，也就是现在的电影。总而言之，数模混合集成电路在我们的实际生活中有着非常广泛的应用，不管是你想的到的，还是你想不到的，都有可能有着数模混合集成电路的身影，未来电子技术的发展也势必会将数模混合集成电路的应用抬上一个新的台阶，让我们拭目以待吧。

John Bardeen
Walter Brattain
William Shockley

万器归芯

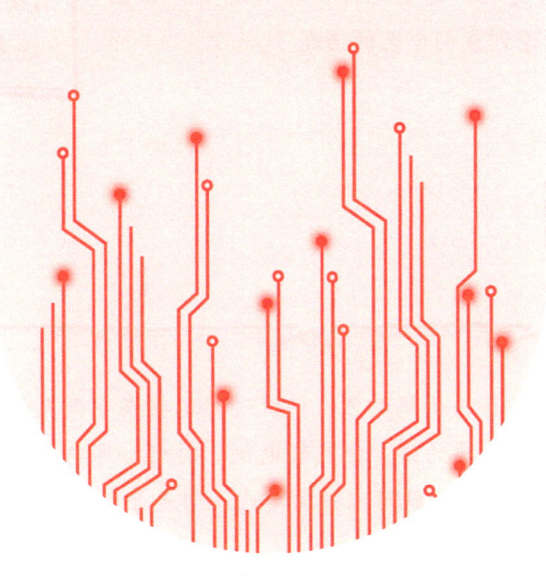

半导体
——是山东半岛吗？还是一半导电的物体？

生活中有许多奇奇怪怪的物体，比如被称作绝大多数男生的梦、小时候人手一个的金箍棒，这是无数人童年的快乐。但是大家有没有观察过，金箍棒是用什么做的呢？在原著西游记中，金箍棒是用乌铁做的。但是大家可能都不知道乌铁是什么。没关系，铁棒大家总知道的，大家在生活中也能经常见到。可是，绝大多数小朋友们玩儿的金箍棒都不会是铁棒，因为铁棒太重了，不利于玩耍。而且众所周知，小朋友们小时候都喜欢一边挥舞着金箍棒，假装成孙悟空的样子，一边打来打去，但是大家都没有像动画片里一样被打伤，所以一般的金箍棒也不会是铁棒，而是用塑料做的。那除了铁比塑料更硬、更重之外，这两者有什么区别呢？这就要讨论到我们今天的话题了。

> 打闹的时候还请注意安全哦！

绝缘体

> 小时候，爸爸妈妈都跟我们说过，不要在下雨天放风筝。因为闪电会顺着风筝的线，把我们电倒，对吧？那电顺着某一物体流动这样一个现象，就可以被简单地认为是导电现象了。

生活中导电的东西有很多，比如大多数的金属。大家应该都有这样的经验，就是爸爸、妈妈会警告我们说如果看到有别人触电了，要么就躲开，大声呼叫、寻求帮助，要么就用一根干木棍把他的手和触电的东西敲开。不过大家有没有想过，为什么要用干木棍呢？因为相比于大多数的物品来说，木头的导电性是很差的，也就是说木头的内部结构使得电流很难通过。那这里我们就可以引出两个概念了，一个叫导体；一个叫绝缘体。

这还是很容易理解的。导体嘛，就是容易导电的物体；绝缘体嘛，就是不容易导电的物体。生活中的导体有金属、大多数的水等，绝缘体则有木头、橡胶（不是吃的香蕉，是橡胶，经常看错题的同学们注意看，别在外面说本书说了香蕉是绝缘体）等。那大家可以想一想生活中还有什么东西是导体，有什么东西是半导体呢？哈哈，大家肯定都有很多自己的想法。这是根据自己的生活经验，还有爸爸妈妈从小跟我们说的这些知识。其实科学就是源自于生活，在看完本书后，希望你也能在生活中发掘书上透露的一些科学的小秘密。

半导体

　　大家小时候肯定都画过画，不知道大家有没有拿颜料调过颜色。如果大家经常用颜料调色的话，就会知道在颜料盘里面有两种颜料是非常非常重要的，那就是黑和白。确实是这样。黑和白很重要，但不意味着只有黑和白就够了，黑加白是什么呢？是灰色！所以就像调颜料一样，在导体和绝缘体之外，还有第三种物体，就是半导体。半导体是什么呢？因为它是"半导"而不是"半岛"，所以它肯定不是辽东半岛。那难道"半导"是在说一个物体，它导电导到一半就导不了吗？哈哈，也不是。半导体其实就是用来描述导电性能介于导体和绝缘体之间的一类物体。我觉得半导体和中国人的气质特别搭。不知道大家知不知道鲁迅先生，他是位大作家。鲁迅先生说过一个段子，他说：中国人的性情是总喜欢调和折中。譬如你说：这屋子太暗，需要在这里开一个窗，大家一定不允许。但如果你说要拆掉屋顶，他们就愿意开窗了。哈哈哈哈，是不是明白我想说什么了，没错，半导体也是这样的，符合中国人一贯的中庸思想。所以我坚信，中国人一定可以在半导体领域做大做强的。

　　好了，回归主线，半导体这个词，大家很陌生。但是用它制成的东西大家可能就不陌生了。常常看新闻的朋友们都知道，之前常听到关于科技领域一系列制裁的报道，其中就包括芯片制裁。芯片的主要原材料就是半导体。此外半导体还会经常被用于制作太阳电池，所以如果你现在拿着一个太阳能发电的小计算器，可能你手上的小东西里面就有半导体哦。

半导体的历史

当然半导体的发现也是很有意思的。首先要带着大家来认识一下今天要介绍的第一个人物，他就是法拉第。这个人可能对大家来说并不陌生。如果你去过科技馆，可能就会看到有一个笼子，人进去以后外面到处都是小闪电劈在笼子上，但是里面的人毫发无损。这个笼子就叫法拉第笼，它是根据法拉第的理论发明的。当然，今天我们要讲的是法拉第的另外一个成就——他首先发现了半导体现象。当然遗憾的是，受限于当时的科技水平，法拉第并没有揭开半导体全部的面纱。

之后隆重登场的就是第二个人物——法国的贝克莱尔。他发现了半导体的第二个特性，也就是光生伏特效应。大家暂时不必知道这个效应具体是什么意思，只需要明白它与光和电有一定关系就行。现代社会也将这个效应应用在了很多设备上。尤其是在光电领域，比如太阳电池、LED等。在这之后，是英国的史密斯、德国的布劳恩，他们先后发现了半导体的第三种和第四种特性，然后就进入了漫长的基础物理学快速进步时期。

大家肯定都听过爱因斯坦的名字。这位白色卷发，喜欢吐舌头，卷着床单当衣服的怪老头实在是大名鼎鼎。他最广为人知的就是相对论。而半导体领域上的认知科学的进步，也要感谢他。就是靠着他的相对论，人们认识了微观世界的性质。微观世界也就是你可能从父母嘴中听到的什么分子、原子、夸克等。这个部分之前应该已经有过一定的叙述了，不记得的朋友可以往前看哦。得益于爱因斯坦，还有另外一个我们暂时还不认识的，但也是物理学巨匠的玻尔。

贝尔实验室

又到了这个激动人心的时刻！是的，请原谅我的激动。贝尔实验室，二十世纪四十年代最先进的实验室之一，到了二十世纪七十年代中期，大概已经成为世界上最大的工业研究组织。当时，在第二次世界大战结束之后，贝尔实验室决定开始进行半导体研发计划，一个叫肖克利的伟大科学家成立了半导体研究小组。

1947年，贝尔实验室的威廉·肖克利、约翰·巴丁和沃尔特·布拉顿总结出了半导体的四个特性，并在同年的12月16日发明了世界上的第一个晶体管。晶体管是什么？之后会有继续下一步的详细介绍，这里只需要理解成用半导体做成的东西就行，就不做赘述了。有兴趣的朋友们如果等不及可以现在就拿出手机查查哦。当然这么伟大的科学成就和贡献肯定是配得上诺贝尔奖的，所以肖克利、巴丁和布拉顿他们三个人（都隶属于半导体研究小组）因为发明了晶体管而获得了诺贝尔物理学奖。冷知识：巴丁于1972年因为在超导上的贡献，再次获得诺贝尔物理学奖。他也是唯一一个两次获得诺贝尔物理学奖的人。在1956年2月，他在旧金山创办了肖克利半导体实验室，因此被称作硅谷的奠基人。这位伟大的科学家既傲慢又独裁，学生们问他问题，得到的也永远都是奚落和嘲讽，但是这仍然掩盖不了他璀璨的才华。

> 当然，小朋友们别学他坏的一面，不然会被人讨厌的！

> 居里夫人是获得了一次诺贝尔物理学奖和一次诺贝尔化学奖哦。

元素
——元素是什么呢？火元素？水元素？

朋友们，之前我们了解了导体、半导体、绝缘体，现在我们将这个话题继续深入下去，为大家打开一扇新世界的大门。但是，在这之前，还需要为大家补充一些小知识。

元素和原子

我相信很多朋友都看过哈利波特，也很向往去霍格沃茨上学，那不知道大家有没有看过哈利波特第六部，记不记得在那个洞穴里面，邓布利多校长施展出了一个非常强大的魔法——火神开道。会不会有很多朋友自己在家里偷偷模仿过邓校长呢？那火神开道这个魔法是怎么施展的我们不得而知，但是如果问大家邓校长在这里把什么元素用得出神入化，同学们都会毫不犹豫地回答：火元素。我们先不讨论火元素这个说法在科学上是否严谨，那除了火元素自然界还有什么元素？风元素、雷元素、水元素？

其实这些元素和我们讨论的科学上的元素是不一样的。那科学上的元素究竟是什么？之前，大家已经了解过原子了，我相信肯定有聪明的朋友想过这样一个问题：既然我们这个世界是由很多原子构成的，那比如说铁和铜，这两样金属，它们肯定是不一样的（谁说铁和铜一样的？那我建议你回低年级跟语文老师重新学习一下认字），那既然它们是由原子构成的，那么构成它们的原子是不是也有很大可能性是不一样的？确实如此，构成铁的就是铁原子，构成铜的就是铜原子。我们把一类相同的原子就称作元素。

好了，那这个时候情况就显而易见了，铁是由铁元素组成的，铜是由铜元素组成的。好，我知道现在肯定有很多同学对火元素开始好奇了，但是既然火元素这么神秘，在看完了本章之后，大家为什么不尝试自己探索一下呢？当然，这里我们要再举一个例子。很多朋友都记得，邓校长用过的另外一个魔法——水牢。大家都会说：这是水元素组成的！但是水真的是一种元素吗？其实不是的。空气中有很多不同种类的气体，大家都知道有氧气、氮气等。那么，水既然不是水元素组成的，那是由什么组成的呢。朋友们肯定也玩过氢气球，就是那种一松手就会往上飞的气球，这种气球里面装的就是氢气，但氢气具有可燃性，遇到明火可能发生爆炸，现在很多场合会用更安全的氦气来替代氢气充气球。氢气是由氢元素组成的，氧气是由氧元素组成的。所以偷偷告诉你们，水其实是由氢元素和氧元素共同组成的，是不是很神奇？当然关于为什么水是由氢元素和氧元素组成的，这就得等大家上了化学课之后才能清楚地想明白了，或者有探索精神的

> 氢气一不小心就会和氧气发生反应，会爆炸的那种

朋友们也可以尝试自己探索这个问题。所以邓校长只是熟练地运用了氢元素和氧元素。

> 如果下次再有小朋友和你说："邓校长把水元素运用得出神入化。"你就可以跟他说："不是，邓校长明明是擅长运用氢元素和氧元素"，偷偷耍个酷。

了解完了这几个元素，新的问题出现了，这样子的元素到底有多少种？到底又该怎么整理？这里就要引入我们的下一个知识，元素周期表。

那元素周期表是啥呢？下一个人物出现了！这是一位伟大的俄国科学家，一个白胡子老头门捷列夫。这位科学家根据自己多年的研究，按照他发现的规律，把已知的元素都填入了一张表格里，这就是初版的元素周期表。关于他发现元素周期表，还有个有趣的小故事。

1867年，俄国圣彼德堡大学里来了一个年轻的化学教授，他就是门捷列夫。身为化学教授的门捷列夫和别人不一样，大部分教授的时间都是在实验室度过，但他不是。他将自己关在书房里，手里总捏着一副纸牌，颠来倒去，整好又打乱，乱了又重排。不邀牌友，也不上别人家的牌桌。

两年后的一天，俄罗斯化学会专门邀请专家进行一次学术讨论。学者们有的带着论文，有的带着样品，只有门捷列夫两手空空，学术讨论进行了三天，三天来讨论会场上大家各抒己见，好不热闹，只有门捷列夫一个人一直一言不发，只是瞪着一双大眼睛看，竖起耳朵听，有时皱皱眉头看上去在思考着什么。

眼看讨论就要结束了，主持人躬身说道："门捷列夫先生，不知可有什么高见"？门捷列夫也不说话，起身走到桌子的中央，右手从口袋里取出一副纸牌，随即甩在桌子上，在场的人都大吃一惊，门捷列夫爱玩纸牌，化学界的朋友已早有所闻，但总不至于闹到这种地步，在这么严肃的场合开玩笑吧？

只见门捷列夫将那一把乱纷纷的牌捏在手里，三下两下便整理好，并一一亮给大家看。大家这时才发现这并不是一副普通的扑克，每张牌上写的是一种元素的名称、性质、原子量等，共63张，代表着当时已发现的63种元素。更怪的是，这副牌中有红、橙、黄、绿、青、蓝、紫共七种颜色。

门捷列夫是个不折不扣的玩纸牌的高手，一会儿工夫就在桌子上列成一个牌阵：竖看就是红、橙、黄、绿、青、蓝、紫分别各一列，横看这七种颜色的纸牌就像画出的

> 不知道同学们里面有没有会洗牌的呢？

光谱段，有规律地每隔七张就重复一次。然后门捷列夫就像中世纪传说里的大巫师，神神叨叨的，当然，他肯定不是在念咒语，而是口中念念有词地讲着每一个元素的性质，滚瓜烂熟，如数家珍，周围的人都傻眼了。他们在实验室里工作了十年、几十年，想不到一个年轻人玩玩纸牌就能得出这番道理，要说不服气吧，好像显得很无理，要说真是这样，又有些不甘心。

这时一直坐在旁边观看的门捷列夫的老师气得胡子撅起来

了，一拍桌子站起来，以师长的严厉声调说道："快收起你这套魔术吧，身为教授、科学家，不在实验室里老老实实地做实验，却异想天开，摆摆纸牌就要发现什么规律，这些元素难道就由你这样随便摆布吗……"？老人越说越激动，一边还收拾东西准备离去，其他人见状也纷纷站起，这场讨论就这样不了了之。

门捷列夫坚信自己是对的，回家后继续摆弄着这副纸牌，遇到什么地方接连不上时，他就断定还有新元素没被发现，他就暂时补一张空牌，这样他一口气预言了 11 种未知元素，这时那副牌已是 74 张。这就是最早的元素周期表。

在随后的几年中，门捷列夫预言的 11 种元素陆续被发现，乖乖地住进他的元素周期表，特别是后来发现的氦、氖、氩、氪、氙和氡，又给元素周期表增加了新的一族。在元素周期表之下，元素世界一目了然，它就像一幅大地图，以后化学的研究就全靠这幅地图来指明方向了。所以他除了是个科学家，甚至还是个"大预言家"。他根据已经发现的这些元素，以及他总结出的一些规律，推测出了一些还没有被发现的新元素。当时肯定有人不信啦，但是随着科技的发展，这些元素居然慢慢地被发现了，是不是很厉害？其实只要学习门捷列夫的科研精神，一步一步地往前，一直有自己的探索精神。总有一天，我相信普通人也可以在自己的领域，取得自己的那份成就。所以就从探索"水元素"开始吧。

硅
——硅是石头吗，毕竟有偏旁是石，应该也和石头相关吧？

好了，现在到了打开那扇大门的时候了，让我们走进硅。

神奇的硅

我们之前说过，所有的物质可以大致被分为导体、半导体和绝缘体。我们现在要来介绍一种特别的半导体，就是元素硅。它占领了全球半导体市场95%的份额，这可不是巧合。因为它有诸多优点。

第一，地球上有数量惊人的硅。大家肯定都听过地壳这个词（哈哈，这个"壳"要读qiào哦，第四声，不要读ké）。含有硅的东西，占了地壳质量的四分之一以上。而且我们刚刚说过，物质也可以按照元素来分类，那么事实上硅是地球上第二丰富的元素。大家肯定想知道第一和第三是什么对吧？第一是氧，第三是铝，第四是铁。可以想想看生活中有多少铁制品，小到我们用的刀叉、勺子，大到汽车等。氧就更别说了，我们平时都要吸氧气，空气里到处是氧气，我们也经常听见爸爸妈妈说某某东西氧化了对吧，可见氧元素的充沛。硅同样也非常多。有一本书叫《硅星球》。这本书的书名完美形容了硅的数量，这个形容是非常准确的，我们就是生活在一个充满硅的星球上。

第二，就是硅有非常良好的散热性。散热性是什么意思呢？导热性又是什么意思呢？大家应该都有这些生活常识，就是同样在大夏天，穿着白色衣服的小明同学和穿着黑色衣服的小芳同学一起站在太阳底下，谁会更热呢？肯定是穿着黑色衣服的小芳，但这是为什么呢？因为黑色的吸热作用更好。但是同样的，他们俩站了一会儿以后，如果迅速地进入空调房间内，谁会更凉快？同样也是黑色！因为黑色的散热性能也更好。类似地，硅也是一个散热性很好的材料。那么我们为什么需要散热性良好的材料呢？大家应该都会有这样的体验，就是手机玩的时间长了，电视机看的久了以后就会发热，然后摸一摸手机和电视机后背，就知道使用时间"超标"了。类似于手机、电视机的这样的电子产品，都有类似的问题。所以用一个散热性好的材料来制作里面的部件就格外重要，毕竟谁也不想自己的手机变成烫手山芋。

第三，硅是没有毒的。习总书记曾经说过，绿水青山就是金山银山。作为无毒且稳定的材料，硅完美地满足了这一条件。虽然生产硅的时候会制造一些不太好的气体，但是硅本身还是很不错的，这也很符合我们的"双碳"目标对吧。

> 不知道"双碳"目标的同学们要多看看新闻啦！

当然了，硅还有很多很多别的用途，这里就不一一介绍

了。感兴趣的朋友们可以自己去了解。在介绍完了硅之后，我们还要介绍另外一样东西。就像有碳，就会有二氧化碳；那么有硅，就也会有二氧化硅（因为碳和硅是一族的哦）。那么二氧化硅是什么？相信小朋友们童年的时候都曾有玩沙子的经历，那么有没有同学曾经思考过沙子是什么？沙子的主要成分其实就是二氧化硅，另外，有一种石头叫石英，这就是自然界中最常见的二氧化

> 不管你承认或者不承认，咳咳咳，反正作者是不会承认的，但是作者的妈妈在看到这一段的时候疯狂点头。

硅了。别奇怪它怎么会有这么多名字，难道你还没点外号了？回归正题，它们有多少呢？它们占了地壳质量的一半以上，是不是一下子就感觉非常非常多啦？那我们这里为什么要提到二氧化硅？因为二氧化硅也是非常难得的一种材料。二氧化硅可以用来制造玻璃，这是一个非常有趣的知识点哦。大家在化学课上学到二氧化硅的时候，老师们一定是先说沙子，再说玻璃。不信的朋友们可以和我在这里打个赌，去问问那些学过二氧化硅的朋友再看看我说的对不对，如果我输了，就再告诉你一点关于二氧化硅的秘密。

不怕火

此外，我相信肯定有很多朋友看过黄晓明的电影《烈火英雄》，也有很多朋友小时候想过要成为消防员。那提到消防员就

要想到耐火防高温，这个时候二氧化硅就可以大展身手了：二氧化硅被广泛地用于耐火材料的制造，可以耐高温。

二氧化硅还有其他很神奇的功效，比如它可以用作化妆品的制作。不知道现在看这本书的你是男生还是女生，可能男生用防晒霜的相对少一点，女生用得多（男生也要做好防晒哦），但是无论如何肯定都听妈妈们说过出门要涂防晒霜什么的。防晒霜中很多就含有二氧化硅，因为它可以一定程度地屏蔽紫外线。那硅究竟和芯片有什么关系呢？这就要进入后面的知识咯。

晶体管
——这是什么东西？晶体做成的管道？

晶体管简介

朋友们，在之前我们已经在介绍别的知识的时候多次提起了这个小家伙——晶体管，今天我们要来探索这个非常有趣又神奇的物体。你们可能会疑惑，这个东西是什么？为什么我没听说过？那还是老样子，大家可以先发挥一下自己的想象力！在你们眼中晶体管会是什么呢？晶体是什么？水晶吗？诶~记得我们之前提过的！记不得了？我来帮你们回忆回忆，在咱们聊硅的时候提到过晶体管和半导体很明显关系密切，因为晶体管大多都由半导体制作而成，关于半导体是什么，之前已经详细地和大家解释过了，这里就不多说了，相信认真的同学都明白硅和半导体的关系，什么？你说你不明白？那我建议你重新读一下前面的章节，毕竟这本书写得还是蛮清楚的。那"管"同学们又能想到什么呢？管道？水管？没错！水管是个很贴切的比喻！晶体管可以看作是一个"电流的开关"，它可以控制电流的流动。所以你们现在明白为什么我说这是一个很精妙的比喻了吧！如果把电流比作水流，那么晶体管就像是一个水龙头，可以控制水流的大小。诶！这个时候同学们就能初步理解晶体管了吧！

晶体管可以干嘛呢？

首先呢，晶体管有放大的作用。小时候大家看过西游记对吧,孙悟空的如意金箍棒可以变大变小,他把金箍棒变大之后,能轻松扫平一座山!可见变大是很有好处的,晶体管可以放大微小的信号,千万别忽略这一点,这在广播、电视和许多其他电子设备中都是非常非常重要的。

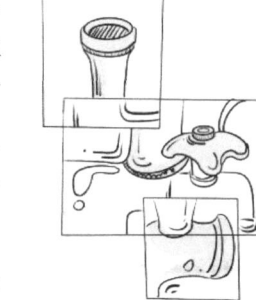

其次呢,晶体管可以起到一个开关的作用。这听上去似乎不太好理解对吧,但是还记得我们刚刚的比喻吗?没错!水龙头!你把晶体管当成水龙头就好了,这是不是就很好理解了。在电子设备中,晶体管经常被用作开关。当电流流过晶体管时,它可以在极短的时间内打开或关闭,从而实现信息的传输和存储。

然后,晶体管可以构成集成电路。晶体管是集成电路的基础组件,一个集成电路中可能包含数百万甚至数十亿个晶体管,以目前的科技水平来说最多甚至可以有几万亿个晶体管被集成在一个集成电路中,用于执行复杂的计算和数据处理任务。

几万亿个晶体管!

晶体管取代了早期的电子元器件,因为晶体管的优势是显而易见的。在晶体管被发明之前,真空管被广泛用作电子放大器和开关。但真空管体积大、效率低、发热量大、寿命短。晶体管解决了这些问题,使得电子设备变得更小、更便携、效率更高、寿命更长。毕竟一个集成电路上可以集成几万亿个晶体管,可见晶体管体积之小!

在我们的手机、电脑里,有上亿个晶体管,它们不断地打开和关闭,传递和处理信息,使得电子设备可以正常运行。

晶体管的发展历史

晶体管的诞生是一段技术的传奇。在 1947 年，现代电子工业的基石——晶体管诞生了。这个发明不仅彻底改变了科技世界，更为我们目前所知的电子设备、计算机和通信技术打下了基石。晶体管的发明故事背后，是对替代真空管技术的不断探索、对新技术的不懈追求，以及对更好未来的期待。

20 世纪 40 年代中期，真空管是所有电子设备中的核心器件，用于放大信号和作为开关使用。然而，真空管有其限制：它们体积大、寿命短、不够稳定且功耗高。电子工业中的科研人员都在寻找一个更轻、更小、功耗更低的替代品。

贝尔实验室一直是电信和相关技术研究的前沿。1945 年，物理学家威廉·肖克利在贝尔实验室内提出了一个固态放大器的概念，希望它可以替代真空管。

1947 年，肖克利下属的两位研究员——约翰·巴丁和沃尔特·布拉顿开始了实验。他们最初是为了解决一个与金属和半导体接触的问题。在一个关键的实验中，他们发现当两个半导体被放在接近的位置时，他们可以控制通过半导体的电流。这是第一次实现了固态放大器的效果。

巴丁和布拉顿首先制造了一个"点接触式"晶体管。该设备是一个细小的条状物，使用了两个金箔制作的微针，接触到一个半导体的表面。当对一个针脚施加电压时，另一个针脚会有电流流过，从而实现了电流放大的作用。

虽然巴丁和布拉顿进行了实验并实现了晶体管的功能，但肖克利为这个项目的理论工作提供了关键的思路，这引起了关于"应该将晶体管发明的荣誉归功于哪位科学家"的争议。最终，在1956年，这三位科学家因为晶体管的发明一同获得了诺贝尔物理学奖。

晶体管的诞生是技术与创新的完美结合。从真空管到半导体技术的转变，标志着电子工业进入了一个新纪元，从此，人类的通信、计算和娱乐方式发生了根本性的变革。

为什么晶体管如此重要？

晶体管，自20世纪中期发明以来，已经改变了现代电子和计算技术的面貌。这种微小的电子器件改变了我们的生活、工作和娱乐方式，并为当今的数字时代奠定了基础。那么，晶体管为何如此重要呢？

晶体管是现代计算机的核心组成部分。不论是智能手机、笔记本电脑还是超级计算机，它们都依赖于数亿甚至数十亿的晶体管来处理数据和指令。没有晶体管，我们就没有现代计算技术。

晶体管的微小尺寸使集成电路（IC）的发展成为可能。集成电路将大量的晶体管集成在一个小芯片上，进一步促进了微型化和功能强大的电子设备的发展。与老式的电子器件相比，晶体管消耗的电能少得多，这意味着更长的电池寿命和更少的热量发散。对于便携式设备，这是至关重要的。

晶体管技术在过去几十年中经历了持续的演化。摩尔观察到，每18～24个月，集成在微芯片上的晶体管数量就会翻倍。技术的进步为我们提供了更强大、更快速的电子设备。晶体管和与之相关的技术已经构成了一个庞大的产业，为全球经济做出了巨大的贡献。从硬件制造商到软件开发商，再到互联网公司，所有这些都依赖于晶体管技术。借助于晶体管技术，我们现在能够随时随地访问信息、进行通信和娱乐。这一变革不仅改变了个人的生活，也重新定义了社会互动和商业模式。

晶体管不仅是现代电子和计算技术的关键组成部分，它还在经济、社会和文化等多个领域产生了深远的影响。这种微小的电子器件将人类创新和技术进步推向巅峰，确保了我们能够继续前进并探索数字时代的无限可能性。

总之，晶体管就像是电子世界里的"魔法棒"。尽管它很小，但它对我们的生活产生了巨大的影响。下次当你们拿起手机、打开电视或电脑时，不妨想想里面那无数努力工作的晶体管吧！

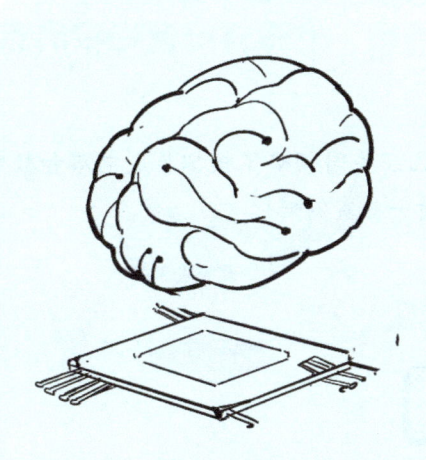

芯球大战

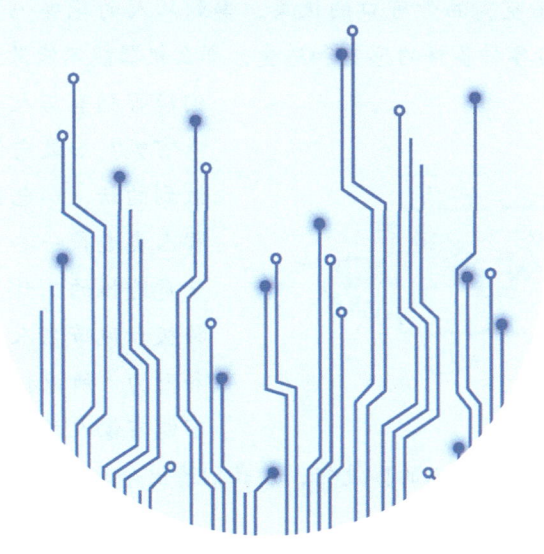

集成电路设计
——嘿嘿嘿，有没有似曾相识的感觉？

在这之前，我们已经共同领略了模拟集成电路和数字集成电路的相关知识，现在让我们来看一些实例吧！

传感器

人类拥有着各种各样的感官，我们能够感受清风的微拂，看见美丽的星空，品尝可口的饭菜，嗅到沁人的花香……既然人类能够体验各种各样的感觉和感受，那么机器能不能做到呢？它们能否拥有与人类一样的感官呢？如果它们也能够做到的话，那也就能够代替人类进行一些重复性或者危险性的工作了，这也将极大地节省人力、物力和财力。所以机器到底能不能有像人类一样的感官呢？答案当然是可以的！没错，让我们请出今天的主角，传感器

先生！好的，那让传感器先生来给我们大家做个自我介绍，跟大家打个招呼吧！

哈喽哈喽，大家好，我的名字是传感器，一个简单而普通的名字，但是它却简洁地表明了我的作用与功能。我拥有和人类一样的感官，能够感受世间的万事万物，我的感受感知的原理也非常简单，其实就是将自然界中的各种模拟信号，比如声音、光以及温度等，按照一定的规律转换为数字信号，然后进行处理、传输、存储和显示等。而且由于超高性能的原因，我常常能够感受到一些人类感受不到的信号，比如说，一些微小和不明显的信号。我一般由四个部分组成，它们分别是敏感元件、转换元件，变换电路以及辅助电源。首先让我来为大家介绍一下敏感元件，这个元件其实就是我们传感器能够感受到信息的关键"器官"，它直接感受外界的信息，也就是模拟信号，然后将它感觉到的东西传递给转换元件。转换元件的话，从名字上来看就是起到转换作用的元件，那它究竟是将什么转换为什么呢？嘿嘿，不卖关子啦，它能够将这个模拟的非电信号转换为数字的电信号。而变换电路则是对转换元件输出的数字信号进行处理，比如说放大调制之类的。辅助电源一般是用来辅助供电的，这个简单，想必难不倒你们。这就是我的完整组成了，当然啦，我的敏感元件也可以分为很多的种类，最最常见的当然就是物理类了，物理类的敏感元件可以直接感受到压力、声音、光、电和温度等物理信号，比如说你面前有

一块物理类的传感元件，你用手使劲按压它，它就会感受到"压力山大"，拿一根火柴放在它旁边烤，它就会感受到"炙热"，或者拿一个大功率喇叭，直接在它耳边大喊大叫，它就会感觉非常吵闹、心烦意乱，"耳膜"都要被震破了。还比如说你直接将它放在水缸里，它会感到非常的潮湿。那么说到物理，当然也有与之对应的化学类敏感元件，物化不分家嘛。化学类敏感元件基本上就是一些能够感受化学反应之类的敏感元件了，举个简单的例子，比如说pH试纸，也许你还不知道它到底是用来干嘛的，所以我现在先简单讲讲，简单来说呢，pH试纸（原本是黄色的）遇到柠檬、醋之类的酸性物质就会变成红色，遇到小苏打等碱性物质就会变成蓝色，化学类敏感元件也大致如此，你滴一滴酸液在上面，它也会产生相应的变化来告诉你，它"酸"到了。那么最后一种敏感元件，当然就是理综三件套中的最后一位，生物类敏感元件了，它能够感受到什么呢，就比如说体内的抗体，还有你分泌的各种激素……生物类敏感元件通常就是感知这些东西的。

先前也说过了，之所以会有传感器的诞生，是因为人们在日常生活中有一些信号其实是非常难以捕捉的，而传感器就可以解决这一问题，它可以探测到一些非常微弱的信号。当然它也适用于一些非常极端的环境当中，例如超低温环境和超高温环境，就比如说岩浆，这玩意儿你总不能拿普通的体温计去测量吧，先不说体温计是否能够承受得住岩浆的

温度而不炸裂，你怎么靠近岩浆都是一个问题吧。但咱有智慧，直接造出传感器，让传感器去感知岩浆的温度不就好了吗？这个时候就轮到传感器大显身手了。所以呢，有些时候要获取到一些人类无法用自身的感官直接获取的信息，传感器就起到非常大的作用了，它可以在许多人类触及不到的地域中进行探索，可以说传感器将人类的感官进行了极大的延伸，让原本井底的青蛙，也得到了跳出井外看世界的能力。就好比是神的感官，能够洞察万事万物。传感器在工业发展、资源开发、环境保护等多个方面都起到了举足轻重的作用，它已经成为我们人类探索世界必不可少的"好伙伴"了。

存储器

好的，讲完了传感器让我们再来认识认识存储器。存储器按照存储类型分为随机存取存储器（RAM）或只读存储器（ROM），它可是我们电脑的好伙伴，它可以用于暂时存储或者长期存储数据，比如说，我们经常会用到的U盘就是一个存储器。随身携带即插即用，U盘里面保存了很多数据，比如说，公司的文字文件以及一些视频文件、图片文件等。可以说计算机的存储器是其重要组成部分，而存储器自

身的发展历史也经历了非常多的阶段，首先就是电子管时代，我们早期电脑的存储器中使用的都是 [电子管]，但是由于这种存储器的体积庞大（拿它和现在的 U 盘比，大了不是一星半点），而且这种电子管的寿命非常短，所以这种存储器的可靠性不是很好，不能让人满意，那么第二个阶段就到了咱们的 [随机存储器] 阶段了，也就是 [RAM]，这个时候随机存储器已经逐渐取代了电子管，毕竟它的体积比电子管要小很多，但它有一个不可忽视的缺点，那就是它的数据非常容易丢失，因此需要定期来进行备份。那么接下来第三阶段的来临，和我们之前所讲的集成电路有着非常大的关联，随着集成电路的发展，[半导体存储器] 逐渐登上了时代的舞台，刚刚我所说的 U 盘其实就是半导体存储器中的一种，与随机存储器相比，它的体积更小，能够存储的数据却更多，读写速度也更快，而且它的寿命更长且不容易损坏，由此，它的保密性与可靠性就得到了保障。第四阶段就是 [光盘] 阶段了，也就是人们常说的 CD，或者你也可以叫它光碟、碟片，就比如小时候看的哆啦 A 梦，以及一些碟片或者 PS5 上的光驱游戏，它们都是存储在光盘中的，光盘存储器相对于前几种存储器来说，拥有容量大、成本低的优点。而随着时代的发展与科技的进步，现在人们常用的存储方式是云存储，云存储的优点可就更多了，它能够将数据存储在远程服务器上，还具有容量大、可靠性高的优点，数据也不容易丢失，目前市面上常见的云存储服务有很多，就比如大家常见的百度云和华为云，相信大家肯定也都或多或少接触过，在这里就不赘述了。存储器在我们的学习和工作中起到了不可忽视的重要作用，未来肯定会朝着更高的容量、更低的成本和更高的可靠性方向发展，真正成为人们生活中的好帮手。存储器有着三个非常重要的性能指标，它们分别是 [存储容量]、[存储速度] 以及 [单位成本]。就和人类的大脑一样，

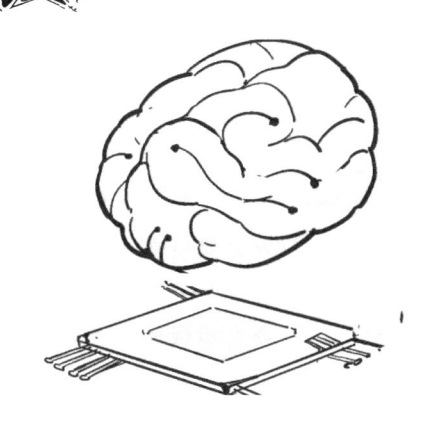

想象一下考试前正在努力地记忆知识点，如果把大脑比作存储器，那么脑容量其实就是**[存储容量]**，其实这里还要细分一下，如果说长期记忆是硬盘的存储空间的话，那短期记忆就是运行内存。人脑的"运行内存"的存储容量并不大，而"硬盘空间"却很大。就好比你不能写作业的同时做家务并用相对空闲的嘴巴练习唱歌，但是你可以记得这道作业题怎么做、记得家务怎么做、记得歌怎么唱。而**[存储速度]**类比在人类身上就是记忆的速度，比如说，有的人一个晚上能记50个单词，此时他正洋洋得意，迫不及待地打电话向你炫耀他今天晚上的"战果"，但是殊不知此时的你嘴角露出一丝不屑的笑容，然后告诉他你今天晚上背了500个单词，你的同学当场就面红耳赤，恨不得赶紧找个地方把自己藏起来，于是他飞快地挂断电话，连再见也没说。说回正题，一个晚上背50

> 友情提示，纯虚构场景，大家要和平共处哦，
> 还有不论什么时候都不要太嚣张，
> 否则就会遭到反噬，因此做人最好低调点！

个单词和一个晚上背500个单词，谁的存储速度快，谁的存储速度慢，一眼便知。而**[单位成本]**，也就是制作这块存储器需要

花多少钱，大家肯定希望花的钱越少越好对吧。那么接下来咱们讲讲存储器的分类吧，存储器通常可以分为内存储器与外存储器两种，内存储器一般是放在计算机当中的，它用于暂时存放CPU（中央处理器）中的运算数据，每个电脑都会自带内存储器，内存储器一般只负责暂时保管数据，这个"暂时"是指电脑开机到关机这段时间，一旦电脑关机，内存里的数据会立刻消失，这个时候你可能就会发出疑问了：那为什么我电脑关机以后下载的游戏文件仍然能保存呢？事实上，你电脑里下载的这些游戏文件其实都是保存在硬盘中的，比如C盘或D盘之类的，而这些就是我们所要讲到的外存了，外存储器指的就是除了内存储器以外的所有存储器了，比如说，电脑的C盘、D盘，以及光盘和U盘，这些都是外存储器，电脑哪怕断电了，关机了，这些存储器仍然能够保存数据。那为什么我们需要存储器呢？这当然是因为有很多的数据需要保存，比如说，一些大公司的用户清单和财务报表，这些东西用纸张保存非常容易损坏，而且也会很容易被一些有心之人偷偷拿去做一些坏事，所以纸质文件的保密性得不到很好的保证，这个时候就需要用到计算机进行存储了，不仅更加的便携，而且还很方便人们进行分类存放和查找，在能够保障文件的可靠性的同时，还能提升我们的工作效率。试想，你翻英汉大辞典，是不是比你上网找一个单词的释义要慢多了？除了可以将存储器分为外存储器和内存储器之外，它还有很多种别的分类方式，比如说，如果按存储介质分类的话，它可以分为半导体存储

器与磁表面存储器，从名字上就很容易看出来了吧，半导体存储器就是用半导体器件做出来的存储器，而磁表面存储器则是用磁性材料做成的存储器。除此之外的存储器分类方式，在这里就不一一叙述了。

> 毕竟真的挺多的，如果一一介绍完，这本书就不是芯片主题的科普书而是存储器主题的科普书了

处理器

现在！让我们隆重有请今天的压轴嘉宾——处理器！！！处理器呢，按照我们的老方法，也就是看名字猜作用，你可能会认为它是起到处理作用的器件，很好，这确实没错，但是它究竟是处理什么的呢？别急，让我们接着看下去，中央处理器的英文简称为CPU，它是一个电脑运算和控制的核心，就和人类进行思考和决策的大脑一样，当你遇到一道有难度的题目时，大脑就会飞快地运转，这就和

CPU处理信息、运算程序一样。中央处理器和我们先前所讲的集成电路有着莫大的关联，它首次出现于大规模集成电路时代，最初它被发明时，仅仅被用于数学的计算，也就是一加一、一加二这些计算，后来随着技术的进步和版本的更迭，它的计算力也更进一步，逐渐可以用在其他的计算上面，比如我们先前讲过的布尔逻辑运算。中央处理器的主要功能是读取指令并且处理，比如双击鼠标打开了一个网站，这就是一个由操作人发出的指令，处理器读取了这个指令，并且成功按照指令打开了它，这就是它的处理操作了，也就是说，处理器处理的是由操作人（也就是坐在电脑屏幕前的你）所发布的指令。或者这么举例，玩穿越火线这个游戏时，按下键盘的w、a、s、d，所操控的人物就会分别做出向前、向左、向后、向右走的动作，按下空格，人物就会相应执行跳起的动作，这都是处理器的功劳。当然了，处理器的运算力也是有极限的，你在一小段时间内向它发布一大堆的指令，那它直接就罢工不干了，它也是有自己的小脾气的，当然了，运算力的极限也是因"器"而异，随着科学技术的不断发展，现在的CPU的计算力也得到了不断的提高，已经能够应对各种各样的来自人类越发膨胀的需求了。CPU发展至今已经有了将近60年的历史了，大众视角上通常将它的发展分为6个阶段：第一阶段是二十世纪七十年代，也就是处理器的起始——4位和8位微处理器时代；第二阶段则是二十世纪七十年代中期，此时处理器已经发展到了8位中高档微处理

器时代；再然后就是第三阶段——二十世纪八十年代，此时正是 16 位微处理器大放光彩的时期，这时的微处理器技术已经趋于成熟了；随后就是二十世纪九十年代，按照前面的规律也知道此时是多少位的微处理器了吧？哈哈，这个规律对于你们应该不算很难，没错，处理器的位数每次都是按照 2 的 n 次方发展的，时至九十年代，已经发展到了 32 位微处理器；第五和第六阶段则是我们现在的电脑常用的处理器了，它们的大名你们肯定都有所耳闻，比如英特尔的酷睿系列处理器。哦对了，刚刚还没解释处理器的位数代表什么，简单来说，微处理器的位数越高，那它的运算速度就越快，这是通常情况下，那有没有例外的情况，老实说，我也不知道，这个问题，就留给你们以后去探索啦！加油哦，我相信聪明的你们肯定能得到答案的！

集成电路工艺
——是工艺品吗？

大家好，今天我们将要为大家介绍有关于集成电路制造工艺的知识，这一部分知识非常繁杂并且深奥，立志成为最优秀的芯片工程师的朋友们可要打起十二分的精神来学哦。

工艺步骤

根据大众的普遍认知，我们通常在广义上将芯片的工艺流程分为八个步骤，分别是：晶圆制备、氧化、光刻、刻蚀、薄膜沉积、互连、测试和封装。在先前的课程中我们已经介绍过：芯片的制作材料是半导体材料，而最典型的半导体材料就是硅，硅也是最常用的半导体材料之一，相信熟读百科全书的你肯定知道：沙子中的主要元素就是硅，没错，所有的硅芯片都可以说是从一粒小小的沙子开始的。

晶圆制备

幼时玩沙子的你们肯定没想到手中捧着的细沙般的小颗粒就是现代电子产品的基础——芯片吧！所以呀，千万不要小瞧身边一些不起眼的小玩意哦，也许它们正在某些重要的领域发挥着重大的作用呢。那么现在我们通过加热的方式去除沙子中的杂质，将纯净的硅从沙子中提取出来，这就是半导体硅制备的起点，我们可以通过这一步得到芯片制备最基础的原材料——硅棒。紧接着，我们需要对提纯的硅棒进行二次加工，利用金刚锯将这根硅棒切成一块薄薄的硅片，这块硅片便是晶圆的雏形了，但是它还不是真正意义上的晶圆，由于通过粗加工的硅片表面还非常粗糙，因此我们还需要对得到的硅片进行化学处理和打磨，最后进行抛光和清洁将它变成一块光滑得如同白玉盘一般的晶圆。

氧化

紧接着我们需要对得到的这块晶圆做氧化处理。"氧化"这个名词实际上并不难理解，它其实就是利用化学手段在晶圆表面加上一层保护膜，原理也很简单：将晶圆放置在空气中，晶圆的表面与空气中的氧气接触发生化学反应，这种化学反应会在晶圆的表面形成一种新的物质，这种物质就是我们所说的"保护膜"，它非常厉害，可以保护晶圆免受一些化学物质的腐蚀。那么具体来说我们应该怎么做呢？也很简单，首先将待氧化的晶圆进行清洁，清理干净后，将它放置在 800～1200℃ 的环境下，让空气流过它，便可以在晶圆的表面上形成一层氧化膜对其进行保护。其实除此之外，还有许多的办法可以对晶圆进行氧化处理，不同的晶圆也需要根据自身的性质选择最适合的方式进行氧化，适合的才是最好的，感兴趣的同学可以课后自己去找一些资料进行扩展学习，作者在此就不赘述了。

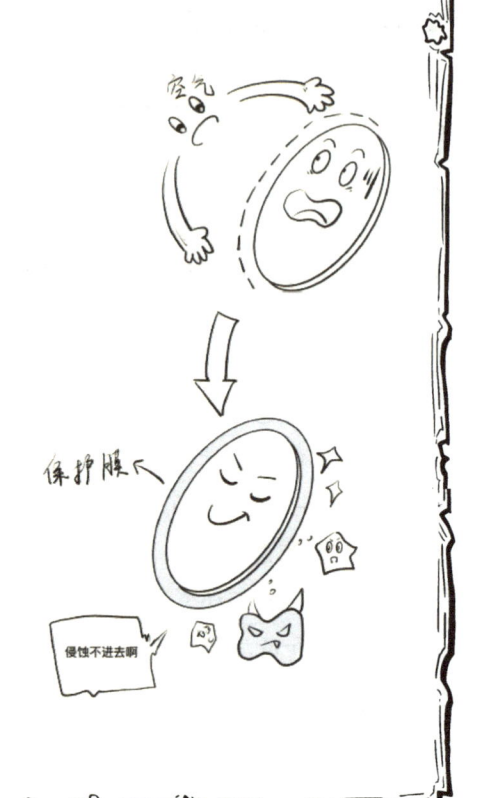

光刻

接下来就是我们芯片工艺流程中的重中之重——光刻了，这一步非常重要也非常复杂，它决定了最后制作出来的芯片是否能成为一块合格的芯片，简单来说，"光刻"就是先在晶圆表面铺一张纸，然后用光线当笔，将我们之后所需要集成的电路图画在"纸"上，之后只需要再对着这个图案把电路集成在晶圆上就好了，就好比同学刻橡皮章时先用铅笔画一遍线稿，再用刻刀对橡皮进行雕刻，"光刻"就相当于其中的线稿绘制，我们进行光刻时的精细程度越高，最终制作出来的芯片成品就会越完美，而想要实现这个目标，我们自然就需要采取最先进的光刻技术了，接下来且听我娓娓道来。

光刻大致可以分为三个步骤，第一步是 [涂抹光刻胶]，就是在晶圆的氧化膜表面涂上一种名为"光刻胶"的物质，不知道也没关系，你只需要知道光刻胶这种物质涂抹得越薄越均匀，光刻的精细程度也就会越高，也许我的措辞让你难以理解，没关系，现在，让我们将光刻胶比作粉底，晶圆比作你那稚嫩的小脸蛋，想象一下往脸上抹粉底，取少量的一部分将它均匀地涂抹在脸上，涂得越均匀，之后上妆的效果就越精致。根据性质，光刻胶可以大致分为两类：一种是正胶，这种性质的胶在被光照射到后会分解，只留下没有受光照区域的图形，另一种反胶则恰好与正胶相反，反胶会留下被光照射到的区域，即被光照射到的部分保留，没有被光照射到的部分消失。关于正胶，其实你可以想象成一张被铅笔涂满了的纸张，利用橡皮擦对其进行擦除，被橡皮擦擦到的部分会消失，留下的则是没有被擦到的部分；而反胶就是用一支铅笔在白纸上进行书写，只有被铅笔画过的地方才会留下痕迹，没有被铅笔画过的地方则都是空白一片，怎么样，这个比喻是

不是很贴切？光刻的第二个步骤是 **[曝光]**，科学家们通过控制光线对之前涂抹的光刻胶进行照射来将图案印到晶圆上，在这个过程中，曝光印制越精细，则光刻的效果越好（这就像你拿勾线笔粗的那头和细的那头在纸上画画的区别），最后的成品芯片自然也就能够容纳更多的电子元器件，拿我们的"行业黑话"来说，就是芯片的集成度越高。光刻的最后一个步骤是 **[显影]**，也就是通过在晶圆上喷涂显影剂的方式，将因为曝光或没有被曝光（看是正胶还是反胶）的光刻胶除去，使得电路图案清晰完整地显现在晶圆之上。千万不要以为到这里所有的光刻步骤就都结束了哦，在完成"显影"之后，我们还需要进行各项的检查以确保画出的电路图案清晰且完整，最后还要"烤制"一下，使其更加坚硬等。至此，所有的光刻过程就全部完成啦，我们可以进入芯片工艺的第四步——刻蚀了。

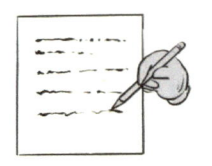

刻蚀

先前我们也说了，芯片的光刻其实就是将需要集成的电路图绘制在光刻胶涂层上，完成了光刻后，也就是完成了绘图过程

后，我们可以真正地开始对晶圆"动刀"，将没有被光刻胶涂层覆盖保护的氧化膜去除掉，只留下先前绘制好的图案。刻蚀的步

> 就像是撒盐除雪一样，把盐巴往雪上一撒，雪就会慢慢消融，你可以把这里特定的化学试剂看作是盐巴，而雪就像是氧化膜，它一接触到盐就会慢慢消失！

骤主要是通过化学方法进行的，当然也有一部分是通过物理方法对氧化膜"开刀"。我们通过刻蚀方法的不同可以将刻蚀分为湿法刻蚀和干法刻蚀，湿法刻蚀是通过使用特定的化学溶液、化学试剂来去除氧化膜，这种方式的好处是成本较低，且利用刻蚀剂来去除氧化膜的刻蚀速度较快——只需要把化学试剂往氧化膜上一泼就完事，但是相对应地它也有自己的缺点，那就是它的刻蚀不够精确。干法刻蚀包括化学刻蚀和物理刻蚀，化学刻蚀是利用氟化氢气体流过晶圆，除去其表面的氧化膜，只留下光刻图，这种方式与湿法刻蚀有着异曲同工之妙，毕竟气体和液体是同一种物质的不同形式，就好比水和水蒸气一样，它们都是同种物质（学过初中化学的朋友们都知道），只是表现在我们眼前的形式不一样而已，所以化学刻蚀

和湿法刻蚀的优缺点也大体类似，在这里我就不过多叙述了；物理刻蚀则是利用离子引起的碰撞反应除去氧化膜，想要理解这种方法需要非常扎实的物理学知识，对于目前的你们来说，这一部分内容超纲啦，只要大致了解即可。相比于湿法刻蚀，干法刻蚀的优点在于它的刻蚀更加精确，更加细致，而我们都知道，在"刻蚀"这个步骤当中，精度是相当重要的指标，刻蚀的精度越高，之后制作出来的芯片性能也就越好。

光刻刻蚀

薄膜沉积

　　刻蚀之后的步骤是薄膜沉积，这对于书前的读者们来说应该算是一个比较陌生的名词了，光看这个名字估计也还是想不到这一步到底是什么意思。这一步对于没有一定基础的初学者来说确实比较难理解，不要紧，接下来我会尝试用最容易被理解的语言来为大家进行介绍。首先，我可以很肯定地告诉大家，薄膜沉积绝对是除了刻蚀以外芯片的又一个核心工艺，那么我们为什么需要进行薄膜沉积呢？在解答这个问题之前，我们先来解释一下"薄膜"这个名词吧。薄膜在这里指的是一些二氧化硅和氮化硅等绝缘膜以及一些金属导电膜，我们需要在这些薄膜上重复光刻和刻蚀这两个步骤，使得晶圆上形成集成电路结构。怎么样，有没有感觉这个所谓的薄膜和之前我们所提到的氧化膜很类似？哈

> 薄膜沉积和绘图软件的"图层"概念很像，是不是？
> 不过绘图软件里的图层可以把每一层单独拉出来改，
> 但是芯片是从下而上顺序"绘制"的，
> 画完上面的就不能动下面的啦！

哈，其实二者之间还是有很大的区别的，就从二者的作用而言，氧化膜是为了保护晶圆免受腐蚀，而薄膜则是为了在晶圆上形成电路。而二者的组成成分也不尽相同，先前咱们也说过，氧化膜的主要成分是二氧化硅，而薄膜的成分除了二氧化硅以外，还可以是别的物质，如氮化硅和一些别的金属之类的物质。哦对了，差点忘记提了，我们这里所说的薄膜可不是一般的薄膜，它是非常非常"薄"的，厚度连一微米都不到（微米就是百万分之一米，这么说想必你们应该很清楚它到底有多薄了吧）。讲完了薄膜究竟是什么，接下来让我们了解为什么要形成薄膜，也就是为什么要进行薄膜沉积呢？嘿嘿，这个问题其实我们先前已经讲过了，细心的小伙伴肯定也已经发现了，没错，我们需要利用薄膜来创造芯片内部的各个微型的电路元器件，当然啦，光靠薄膜沉积还不够，毕竟薄膜沉积只能形成薄膜，在形成薄膜之后我们还要通过光刻和刻蚀构建出芯片必要的电子元器件。其实薄膜就是一块胚子，我们需要先通过薄膜沉积的方法来得到一块原胚，然

后通过光刻和刻蚀的方法对其进行粗加工得到一块粗加工产品，粗加工产品还要经过下面会介绍的三个步骤才能成为一块完美的、真正的芯片。好了，接下来我们来介绍一下薄膜沉积的三种方法，分别是化学气相沉积、原子层沉积和物理气相沉积，呃，其实这几种沉积方法都不是简单几句话就能理解的，大家现在只需要知道，这个过程大致和将一些饼干碎屑洒在容器底部，然后给它压实，成为提拉米苏的蛋糕底差不多，至于饼干碎屑怎么来的，怎么样才能使蛋糕底不散架，那就是各种沉积需要考虑的问题了。总之，这三种方法殊途同归，最终都会形成一层薄膜，只需要知道这点对你们来说就足够啦。还有，我建议大家在系统地学习高中化学和高中物理知识后再来深入了解这部分的内容，毕竟，薄膜沉积的原理和高中化学中的工艺流程这种题型非常相像，因此，你们可以等到那时再来学习这部分内容，毕竟学习什么时候都不晚嘛，嘿嘿。

互连

倒数第三步啦伙计们，打起精神来哦，快要结束啦。互连是紧接着薄膜沉积的一个步骤，我们先前也已经讲过了，通过薄膜沉积我们可以在晶圆上面构建出一些微型的电子元器件，但是一块芯片可不仅仅只是有这些电子元器件就可以了，我们还需要将这些电子元器件连接起来，这样才能被称之为一个完整的电路，毕竟，单独一个晶体管就放那里是什么也不会发生的，而互连就是将这些微型的电子元器件相互连接起来，让它们形成一个完整的电路。那么我们使用什么材料来将这些电子元器件相互连接呢？塑料？显然不是；木头？听上去似乎有些抽象；丝绸？不对不对，越说越离谱了。大家可以想一想，我们要讲电子元器件连接起来形成一个电路，那么这种连接材料肯定是要能够导电的，对不对？要是都不能导电又何谈"电路"呢？因此，我们需要选择一种具有导电性的物质来作为我们的互连材料。谈及此处，想必大家心里也有了一个大概的猜想了吧，没错，我们进行互连所需要用到的材料正是具有良好导电性的【金属】，当然了，用作互连的金属也不能是一般的金属，这种金属需要有如下的性质：首先呢，这种金属的电阻率要低，大家都学过初中物理，想必都知道电阻率是什么吧，我就简单讲一下吧，一种物质的电阻率越低，那么这种物质就越容易导电。讲了这么久，想必大家也累了，我们来讲一个小故事，在名叫"电陆"的陆地上生活着金属和半导体两个种族，其中，金属一族对灵气亲和力较好（那个电子，你来充当一下灵气），但是金属一族的每个分支之间也稍有区别，比如说银族，在20℃时，电阻率为$1.586\times10^{-8}\Omega\cdot m$（这里你们可以把电阻率看成使用灵气运行功法时的受阻程度），而且银族的电阻率无论是在高山雪原还是在火山炼狱都差不多，所以这个分支分散在陆地的各个地方，但是由于它们天赋太好了，所以人丁稀少。而铜族，电阻率稍微比银族大那么一点点，处于"万年老二"的尴尬位置。有一天，铜族的小朋友铜小宝问铜族的族长说，族长爷爷，我和我的朋友银小宝明明身形一样，但是为什么它施法的效果就是比我好呢？族长语重心长地对铜小宝说，这是因为你们的电阻率不同，这取决于你们先天的天赋，但是这决定不了你们后天的成就。于是，铜小宝努力修炼，拓宽了自己的经脉（也就是增大了横截面积），后来铜小宝努力提升自己，最终获得了承受大电流的能力。跑题了，回来回来。我们需要将各个电子元器件连成电路的话，自然要选择一种电阻率较低的材料，若是电阻率太高，那最后制造出来的芯片显然是不合格的。除了电阻率要足够低以外，我们所选取的金属还需要有较好的化学稳定性，这是因为在互连的过程中，我们需要确保金属材料的性质不发生改变，否则也会导致一些大家不愿意看见的结果，所以这种材料需要足够稳定。除此之外，还有一个必须被纳入考虑范围的因素，那就是成本。对，你没听错，又是成本，因为成本在芯片制造领域是非常重要的一个因素，我们必须想方设法地降低使用材料的成本，在这么多条件限制的情况下，想必答案已经很明显了对吧，没错，我们用作互连的材料正是生活中常见的两种金属——铜和铝。铜和铝广泛地运用在芯片的互连工艺中。

测试

互连结束后就代表着我们的芯片已经初具雏形啦，既然芯片已经初步地被制造出来了，那么我们接下来要做什么就已经呼之欲出啦对吧，没错，正是我们在之前的小小科普课中所介绍的"测试"，正如我们在"测试"这部分内容中所说的，对芯片进行测试主要是为了把一些质量不过关的芯片"淘汰"掉，因此这一步一定要非常非常的仔细，千万确保不能有漏网之鱼。万一之后这块"次品"芯片被应用于一些大工程——如火箭的制造之中，那可就是一颗老鼠屎坏了一锅汤，后果简直不堪设想！因此，在这一步的检测中，我们一定要仔细再仔细，确保出厂的芯片不出现任何的问题。在这一步被检测出来有问题的芯片将不会被送入下一个步骤——封装之中。在"测试"这个步骤中，我们所采取的方法主要是"电子管芯分选法"，英文称为 EDS。听上去很高端对吧，其实也没什么大不了的。接下来我将为你们揭开所谓"电子管芯分选法"的神秘面纱。EDS 的第一个步骤，是对晶圆进行电气参数监控，具体来说，就是对于芯片中的每一个电子元器件进行电气参数的测试，以此来确保它们的电气参数是合格的。接下来的第二步则是对晶圆进行老化测试，将晶圆置于特定的温度和特定的交、直流电压之下，在这样的环境下，工程师们可以很轻松地找出那些在使用早期容易出现问题的晶圆。第三步是对晶圆进行检测，比如将晶圆置于超过最高温度 10℃的情况下，对晶圆进行测试，看看它是否能在这样的温度下正常工作。同理，既然有最高温度测试，那必然也就有最低温度测试，最低温度测试那自然就是测试晶圆是否能在最低温度 10℃以下的情况下正常工作了。除此之外，还有室温测试，顾名思义就是测试芯片能否在室温（25℃）的情况下正常工作；除去温度检测以外，这一步还包括了速度检测和运动检测，限于篇幅笔者就不赘述了，感兴趣的朋友们可以自己去查找一些资料进行拓

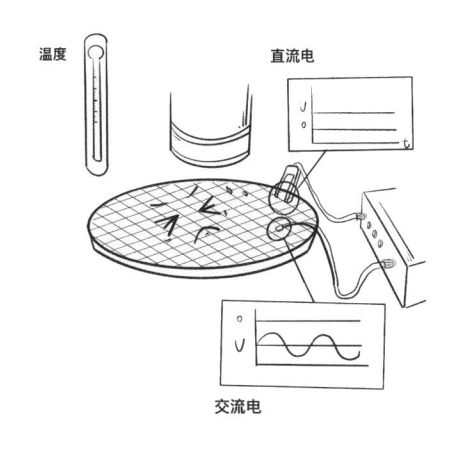

展学习。那么检测之后就来到了整个"测试"流程中至关重要的一步——"修补"了，古语有言"人非圣贤，孰能无过"，芯片也是一样，难免会有这样那样的"缺点"，但是我们不能因为它们有缺陷就一棒子打死对吧，总要给它们一个改正的机会吧，因此，"修补"也可以被称作"测试"中最重要的一个步骤，它给予了那些"真心悔过"的芯片一个"重新做人"的机会。那么什么算是"真心悔过"呢？嘿嘿，其实就是那些可以通过替换某些微型电子元器件修复不良问题的芯片，这种芯片是可以被修补的，其他的自然就是哪怕替换了元器件也还是无法修复问题的芯片了，这种芯片就显然不是"真心悔过"。完成了修补后，我们就需要对那些被挑拣出来的"问题芯片"进行"点墨"处理了，什么是点墨呢？其实我们之前将那些有问题的芯片挑选出来后是并没有对它们进行任何处理的，我们还需要在这些有问题的芯片上面做上肉眼可见的标记，方便它们能够被肉眼区分出来，当然啦，随着技术的不断进步，这些芯片已经能够在"测试"的流程中被系统自动分拣出来了。至此，"测试"流程全部结束。

封装

　　封装是整个工艺流程的第八步，也就是最后一步。那么我们经过了前面七步的处理后，就能在晶圆上得到一个又一个大小完全一致的方形芯片，由于这些方形的芯片都在晶圆上，因此我们首先需要将这些方形芯片从晶圆上一个个切割下来，使之成为一个又一个单独的芯片，由于单独切割下的芯片就如刚刚诞生的襁褓中的婴儿一般脆弱，因此我们需要对它们进行一些处理，使它们的外表面形成一层坚固的保护膜，同时也让它们能够与外界进行电信号之间的交流。这种处理也就被我们称为封装，封装具体可以分为以下几个步骤：首先，我们需要对晶圆进行锯切，先前也说过，我们要将晶圆上的一个又一个方形芯片切割下来，这一步就是"晶圆锯切"了，在这个步骤中，我们首先要对晶圆的背面进行"研磨"，让芯片的厚度能够满足芯片的封装需求，在厚度达标后，我们就利用一系列方法将晶圆上的芯片一一切割下来，而根据选取切割方法的不同，我们可以将晶圆锯切技术分为三种，分别是采用金刚石刀片对晶圆进行切割的**[直接切割]**、利用激光光束对晶圆进行切割的**[激光切割]**和对现在的你们而言玄之又玄的**[等离子切割]**。在这三种办法中，由于采用金刚石切割的时候会产生大量的碎屑和热量，导致芯片损坏，因此我们通常不采用这种方法。第二步，在将单个芯片切割下来之后，我们需要将每一个芯片都附着在引线框架（也被称为基底）上，这一步的作用是保护这些芯片并使得它们能够与外界的电路进行电信号交流，毕竟直接把一块芯片

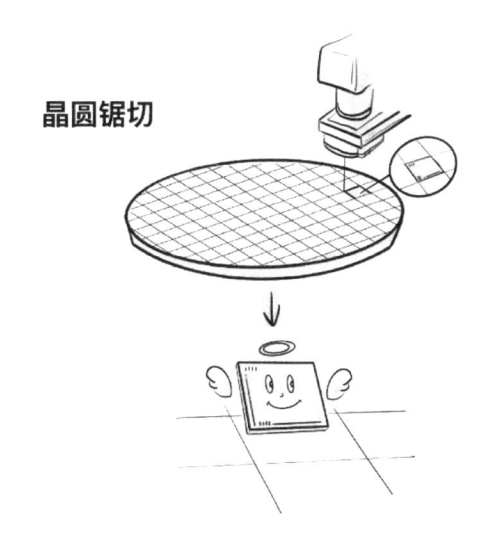

晶圆锯切

扔在电路上是不会使它们之间的电流互通的。在这一个步骤当中，我们随后将芯片附着到基底上，可以采用液体和固体的带状黏合剂。第三步，互连，要注意啦，这里所说的互连和之前所说的互连虽然字是一样的，但其实是两个意思，之前所说的互连，是指将晶圆上各个电子元器件互相连接起来使之形成一个完整的电路，而现在这里所说的互连，意思是指将芯片和基底之间相互连接起来，毕竟之前的附着只是将二者粘在一起，实际上二者之间并没有能够建立起电信号上的联系，这一步互连就是将二者彻彻底底地连接在一起，建立电信号上的关联，可以说之前的附着就是为这一步做铺垫。互连完毕后，我们需要做的就是为芯片增加一个外包装，使得芯片免受外部环境（温度、湿度等）的干扰。最后，我们需要对封装完毕后的芯片再进行一次测试，这一步就是对完成品芯片的最终测试了，只要测试通过，那么这枚芯片就可以被称之为一块"合格"的芯片啦。

离子注入机

接下来我们要介绍的是半导体工业中至关重要的一项设备——离子注入机，坦白说，我第一次看到这个名词的时候也很疑惑，心里也会对这种陌生而高端的名词感到发怵，但是当深入了解了它之后发现好像没那么恐怖。首先我们来介绍一下"离子注入"，离子注入的意思就是在半导体表面引入离子，那么为什么要引入离子呢？其实主要是为了改变半导体表面的电学性质。

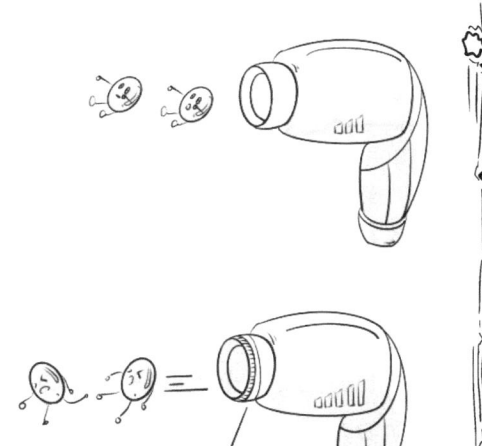

至于为什么在半导体表面引入离子就能改变其电学性质，这个问题就留给你们以后去询问自己的物理老师吧，我们就先跳过这一部分内容。离子注入机的结构说来其实也挺简单，首先我们需要一个 **[离子源]** 来提供离子，离子从这个离子源中发出，然后我们需要一个 **[加速器]** 对发射出来的离子进行加速，加速完毕的离子获得了较高的速度以及能量，紧接着它们就进入 **[靶室]**，然后被注入到它们该去的地方（半导体表面），当然，这是经过简化后的结构，实际的离子注入机结构肯定是要比这复杂得多，但是我们作为初学者掌握这些最核心的结构就已经足够了。接下来又是我们最熟悉的分类阶段了，那么离子注入机根据其注入能量的不同可以分为三个大类，分别是 **[低能大束流离子注入机]**、**[高能离子注入机]** 以及 **[中束流离子注入机]**，它们注入的能量分别是两百电子伏特到十万电子伏特、几兆电子伏特，以及几十万电子伏特。总体来说，离子注入机可以通过注入离子的方法改变半导体表面的电学性质进而使器件呈现出不同的特性，因此，它也被称为半导体工艺中"不可或缺"的重要设备。

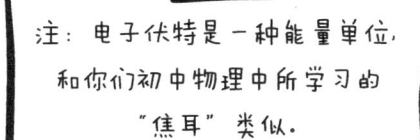

注：电子伏特是一种能量单位，和你们初中物理中所学习的"焦耳"类似。

光刻机

终于到了这一章节的最后一个部分了,最后的最后,我们所要介绍的半导体工艺设备正是之前在介绍工艺时也提到过的光刻机。光刻机,光是听名字也知道它和之前工艺中的哪一个步骤紧密相连了对吧,没错,正是光刻!我们先前也讲过了,光刻这一步的目的主要是为了将一些纳米级的图案(电路图)刻画在晶圆表面的光刻胶上,方便后续流程中进行芯片的制造。光刻机的工作原理也就是光刻的原理,我们在之前已经介绍过了,这里就不重复说了。我们直接进入大家最喜欢的分类环节!那么光刻机的分类可以有很多方式,我们根据光刻所采用的光源不同,可以将光刻分为[紫外光源]、[深紫外光源]和[极紫外光源],怎么样,有没有感受到一种层层递进的感觉?除此之外,根据操作方式的不同,我们还可以将光刻分为[接触式光刻]、[直写式光刻]和[投影式光刻]。其实光刻机的应用是非常广泛的,它不仅能用于在半导体的表面上刻画微小的电路图案,还能够直接制造一些微电子器件,如微传感器、微处理器等。除去在微电子和集成电路领域的应用以外,光刻机还能够被用于制造一些光电子

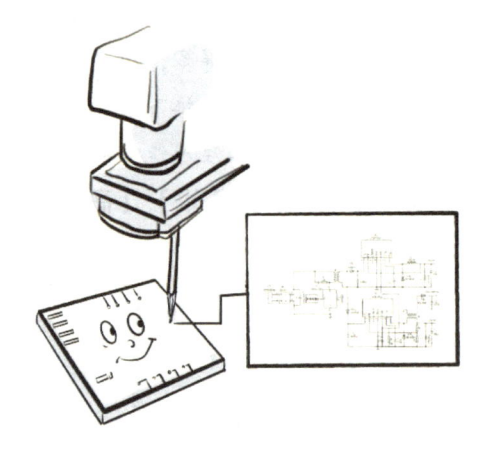

器件，如光电二极管和激光探测器等，这些器件在光学领域如光通信、激光技术等诸多方面都有着重要的作用。不仅如此，光刻机在生物医学领域也有着重要的作用，它可以用于制造一些生物传感器和微流控芯片，这些器件可以应用于细胞分析、药物传递和疾病诊断等多个领域。总而言之，光刻机不仅在半导体和集成电路方面有着重要的应用，同时在其他高精尖产业中也有着不可替代的重要作用。虽然光刻机有这么多应用的领域，但是万变不离其宗，它最核心的用处还是进行微电子制造和纳米级产品的加工。未来，随着光刻技术的不断发展，光刻技术的精度也会不断地提高，越来越多的纳米级设备或纳米级器件的诞生也会从现在的不可能成为可能！

集成电路封装
——把芯片封起来再装进去？

在上一节中，我们结束了对芯片工艺相关知识的讲解，但所讲述的芯片工艺是不足以让我们获得一个成品芯片的，是的，在完成芯片的各种工艺之后，我们只能得到一个裸片，接下来我们所要解决的问题就是：一个裸露的芯片该怎样才能安装进我们的电子产品呢？这就需要这一节的知识啦，让我们赶紧走进芯片制造的下一个流程——封装吧。

封装是什么

在芯片设计的"远古时代"，开发者并不希望对芯片进行封装处理。最主要的一个原因是这项技术的增加会给芯片制造带来极大的成本负担，通俗一点来说就是舍不得钱；而另外一个稍微次要一些的原因在于有可能因为封装得不合适，反而导致芯片功能发生退化。封装对于芯片来说，就像是让宇航员在太空中穿上宇航服，宇航服能够在外太空的强烈压力下保护宇航员的身体。但是，如果宇航员穿上了不合身的宇航服，反而会让他们暴

露在不安全的环境中,严重影响着宇航员们在外太空的生存,会让情况变得更加危险。封装就是给一个裸露的芯片穿上合身的"衣服",它可以保护芯片,防止外在的环境条件(例如高温、潮湿、撞击、振荡等情况)影响一个芯片正常工作的效率,甚至是缩短芯片的寿命。

那么,封装对于一个芯片来说究竟有着什么神奇的作用,让我们的科学家们不惜花费大量的成本也要让芯片穿上这层"保护外衣"?别急,且听我娓娓道来。

封装有什么用

先前我们也说过:封装就好像是为芯片加上一层"保护外衣"。它能够保护芯片免受外界环境带来的种种干扰和影响,但是,封装究竟是如何起到这些作用的呢?我们这个小节就是为了说明这个问题而诞生的,请往下看:

1. 隔开引线

每一个电子设备的产生都离不开很多芯片的连接,毕竟用单独一个芯片来完成一整个电子产品的功能,这样的情况还是非常少见的,通常情况下,我们必须要将很多个芯片相互连接在一起才能组成一个完整的电子设备,这便是芯片互连。就像是给人接上头发贴上假睫毛一样,这是在芯片原本的基础上延长出来的引线。在这些引线中,有一部分连接着外面的信号,就像神经元胞体和胞体之间的突触;而另一部分连接着电源,用来给芯片供电,帮助芯片获取电源电压，使得芯片有足够的电量正常工作，完成它应该完成的任务。聪明的你们肯定一听我说就能想到：一个电子设备中有那么多的芯片，而一个芯片中又有那么多条引线，如果不采取一定的措施，将这些引线以一种井井有条的方式整理好，那最后肯定乱成一团啊。因此，科学家们将封装后的芯片中不同的引线隔开，并连接到引线框架上，最终与系统电源连接，使它们各自安好、互不相扰。由此，芯片的引线得以正常排序、安放。芯片也能够"安心"地正常工作啦。还是用宇航员的情况举例：宇航员穿衣服有许多层，层层叠叠的衣服如果不穿好整理好就跑出太空舱溜达肯定会酿成大祸，只有将多层的衣服穿戴整齐后才能出舱进行工作，芯片也是如此，只有在将"多层衣服"（引线）"穿戴整齐"（隔开）后才可以完成它要实现的所有功能。

2. 提高散热能力

随着我们身边的电子产品需要实现的功能越来越多，封装体中的芯片数量也在不断增加，同时我们也知道，芯片随着使用时间的不断加长，不断地产生热量，这种情况下，要是不进行散热，热量会越积越多，最后过热。生活中也有许多类似的现象，我们的手机玩久了会发烫，电脑使用时间长了风扇会"呼呼"地不停旋转，电脑运行大型游戏时主机温度不断升高都可以用来煎鸡蛋了，随着电子产品中芯片数量的不断增加，封装体的散热功能越来越重要。封装在电子产品散热中的作用是利用不同的封装材料将芯片上产生的热量散发

出去，要是将没有封装的裸片直接用到电子产品中去，不一会儿就热得爆炸了。普通的芯片就只需要进行正常封装就可以了，但是对于要求工作环境温度低或者容易发热的芯片，我们还需要使用风冷、水冷等方式进行散热，确保芯片工作的时候具有更高的效率。大家在路边或者游乐园里应该经常能够见到许多穿着可爱玩偶服的工作人员吧，尤其是在炎炎的夏日，那些路边穿着厚重的玩偶服的人们闷在服装中，通常人出来就是一只落汤鸡。没有过类似体验的大家肯定是很难想象这其中的痛苦吧，在这样的情况下，工作人员是很容易中暑的，这就需要服装厂商对玩偶服的材质进行改善，这样才能减少工作人员中暑的可能性。如果套在玩偶服中的人实在是受不了这种炎热了，就可以给他们吹吹风，或是直接让他们进入空调房内，感受清凉带来的舒适感，更好地进行后面的工作。对于芯片也是如此，我们需要想方设法地帮助封装体提升散热能力，避免芯片在高温的环境下"中暑"，或是采用风冷、水冷等方法让芯片及时冷却下来，然后继续工作。

3. 提供支撑

随着现在的人们越来越追求电子产品的小型化，人们希望手中的手机变得越来越薄，最好比一张纸都要薄，希望电脑变得越来越轻，最好比一片羽毛都轻，这就要求我们在各种电子产品中用到的芯片朝着越来越轻薄的方向不断发展。但同时芯片是很脆弱的，芯片变薄并没有让它变得更加坚硬，有时候一些不经意之间的磕磕碰碰就可能会让芯片丧失原本的正常功能，使它无法正常工作，但是我们的生活中也难免会遇到一些芯

片与物体的碰撞行为，这就很矛盾了，明明脆弱的芯片无法承受磕碰，但是我们还是会难以避免地让芯片与物体发生碰撞（无封装情况下），这个问题该如何解决呢？这便是封装的第三个主要作用——提供支撑。封装能够为芯片上密密麻麻的结构提供可靠牢固的支撑作用，同时也不会破坏芯片原本的功能，它还能够帮助芯片在不同的环境中实现它的功能。就像没有贴上钢化膜的手机屏幕，如果一不小心把它摔在了尖锐的物体上，随着一道清脆的声音响起，你的心也碎了，你不敢正眼去看自己的手机，只能用手捂住眼睛留出一条细缝悄咪咪地往手机跌落的地方瞧过去，虽然不断在心里一遍又一遍地告诉自己手机肯定没事，但是真正看到手机上那几道狰狞可畏的裂痕时还是忍不住全身发颤，心情

> 其实大家也不用这么担心，这种情况一般只要换块屏幕就好了，就是要花点钱，所以也要尽量保护好手机哦！

彻底跌落谷底。上述情况发生在手机没有贴钢化膜的情况下的概率较大，但当你贴上钢化膜并套上手机壳后，情况就完全不一样啦，之后发生一些磕碰时，这种情况会大大减少，手机还是可以完好无损地继续使用。

以上三点就是封装对于芯片所起到的最重要三个作用啦，可以看到封装在芯片中还是发挥了不小的作用，现在你们明白了为什么科学家不惜花费那么大的代价也要为芯片进行封装处理了吧，没错，芯片不能失去封装。那么这一小节到此结束，接下来我们将详细介绍封装的各种分类，感兴趣的话就继续看下去吧。

封装的分类

封装，就是给芯片穿上一层"功能外衣"，但是就像不同的人有不同的身高、体重、腰围、胸围等，芯片的各种差异也使得我们不能为它们穿上同样一件外衣，我们需要根据不同芯片的不同需求为它们"量身定制"最合适、最符合它们需求的外衣，下面我们将介绍封装的常见类型，学习并了解如何给不同的芯片穿上最合身的"外衣"。

1. 按照材料种类分类

封装材料的差异正如我们衣服的不同材质，我们在不同的温度、场景下会选择不同的衣服（夏天穿短袖，冬天穿棉袄），因此为了应对环境的差异，封装的材料有以下三种分类：金属材料封装、陶瓷材料封装和塑料材料封装。

众所周知，金属材料的密闭性非常好，因此我们可以应用金属材料来有效地阻挡水汽进入芯片，如果水汽进入芯片，芯片就会很快发潮生锈，使用寿命极大地缩短，因此，采用金属材料封装就能够有效提高芯片的使用寿命。而且金属不仅密封性良好，同时也具有较好的导热性能和屏蔽信号的能力。基于这三种优点，金属封装常用于航空航天元器件封装等高精度、高要求的场景之中，毕竟航空航天元器件是不能轻易被一些无关的杂散信号干扰的，可能一点小小的干扰在航空航天事业中都可能给我们直接带来上亿元的损失！因此，我们国家的航空航天元器件主要使用金属材料进行封装。

除了金属材料封装以外，我们还可以采用陶瓷材料进行封装，陶瓷大家应该都不陌生吧，作为中国的一种古法工艺，陶瓷也是我们国家非物质文化遗产中的一员。陶瓷是在高温下形成的一种材料，它的化学性质和物理性质都非常稳定，不会轻易被周围的环境所影响，因此陶瓷是一种非常可靠的材料。

虽然陶瓷本身非常稳定可靠，但是由于陶瓷需要在高温下才可以成型，因此在封装过程中反而可能会出现各种各样的意外，这也便是陶瓷材料封装的缺点，在工艺温度较高的情况下，我们在封装这一步骤中投入的成本也会上升。不仅如此，陶瓷是一种非常容易碎裂的物品，就和我们之前所讲的超轻薄芯片一样，当它面对生活中的磕碰时是很容易碎裂的。这一点大家应该也不难理解吧，不管是我们生活中所使用的各种陶瓷器皿，还是博物馆中所展出的古陶瓷文物，都必须轻拿轻放，否则很容易发生碎裂等现象。

> 博物馆中的古陶瓷文物甚至都不能随意拿起放下。

塑料相对于上述两种材料来说，密闭性不高，水汽很容易就能进入，而且它的熔化温度较低，不需要太高的温度就能够轻松使其熔化，因此对于一个芯片来说，密封性能和耐高温性能都不如之前两种封装。不管从哪个角度来看，塑料材料封装似乎都不是最好的选择，相比于前面的两种封装方式，它的性能算不上优异，但是相较于前两种材料的封装，它有两个好处，就是塑料在我们生活中可以批量生产，并且生产成本低廉，这两个特点使之成为目前我们生活中最为常见的电子设备中芯片的封装方式，例如电子手表、手机、电脑、微波炉等。

> 当然你可能不知道它们的内部是采用塑料材料进行封装的。

虽然相较于陶瓷材料和金属材料，塑料在可靠性方面存在着许多的不足，但是随着科研人员长达数十年的不断研究，我们现在生活中可用塑料的种类越来越丰富，它提供封装的选择也日益增多，密闭性差、熔点低等缺陷在一定程度上也得到了解决，因此采用塑料材料的封装已经成为大部分芯片生产厂商以及客户的选择。

2. 按照芯片个数分类

随着现代社会中科学技术的高速发展，人们所追求的电子设备功能也日益增加，就以我们最为熟悉的手机为例，在手机最开始流行的时候，哪怕是被称为"大哥大"的手机鼻祖，也只具备了通话的基本功能，后来随着翻盖手机的兴起，手机变得越来越小，手机的功能也不局限于通话，增加了相机、录音等各种功能。再到我们如今的智能触屏手机，可以用来追剧、刷视频、听音乐、看小说、玩游戏……，因此为了适应这些智能产品中使用到的芯片的发展，封装的形式也在逐步发生变化，具体可以分为单芯片封装和多芯片封装。

单芯片封装，从字面意思不难看出，这是对每一个单独的芯片进行封装。嘿嘿，也就是一个芯片穿上一件"外衣"。

而多芯片封装，是指一块封装中包含两个或两个以上芯片，它们通过基板互连起来，共同构成整个电路系统。这里我们换一个比喻方式，在日常的学习生活中，我们需要使用不同颜色和类型的笔去写作业、订正试卷、标记重点等，我们会将这些笔放在同一个铅笔盒中，以此来快速找到所需的笔，而不是一支笔放一个铅笔盒，在需要的时候一个个打开再寻找，这样

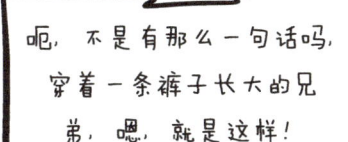

> 呃，不是有那么一句话吗，穿着一条裤子长大的兄弟，嗯，就是这样！

就很浪费时间了，当然，我估计也没人会带着一书包的铅笔盒去学校上课就是了，这不仅不方便，还会搞得人很累。

随着科技的不断发展，人们对于身边电子产品的功能需求越来越多，其中，运行速度是我们主要追求的属性。在这样的大环境下，单个芯片的封装所需的线路越来越庞大、越来越杂乱的情况也愈发影响着电子设备的运行速度。影响电子设备的运行速度就相当于影响了性能！因此，在这样的情况下，多芯片封装诞生了。将多块芯片放入一个封装中的多芯片封装技术不仅能够减少各个芯片之间的引线长度，也缩小了整个系统的体积，减轻了设备的质量。最重要的一点，这种封装技术能够极大地提升电子设备的运行速度。

多芯片封装技术目前广泛地应用于我们的生活之中，小到计算器，大到航空航天等高精尖领域中。航空航天系统中对于电子设备轻便、小型化的需求极为迫切，每增加一点点重量，对于航空航天设备的制造成本、燃料成本都会呈指数倍数地提高，因此多芯片封装技术在近几年高速发展，逐步取代了曾经的单芯片封装技术，成了现在航空航天领域主流使用的封装技术。

封装流程

看了前面的介绍，同学们可以理解封装的重要性了吧？封装对于一个裸露的芯片能够顺利地实现预期的功能来说是至关重要的步骤，然而封装还有很多步骤，顺序的先后也极其重要,正如我们穿衣服的顺序一样,先后和正反顺序的错误会让我们感到不舒服。对于封装这一步骤,典型的工艺步骤顺序为磨片、晶圆切割、芯片贴片、引线键合、塑封成型这五个步骤。下面就让我们走进封装工艺流程,一步步地领略封装的精彩世界。

1. 磨片

我们经过先前所讲述的各种芯片的工艺流程之后,能够得到一件神奇物品——初始硅片,接下来我们将以这块硅片为起点,对其进行种种再加工,得到我们的目标产品——封装后的芯片(也就是市面上可以买到的那种样子的芯片了)。首先,我们需要对硅片进行磨片,顾名思义,磨片就是对硅片进行打磨,使其变得更加轻薄,只有磨片后的硅片才能够满足切割工艺的需要。当然,在这一步骤之前,我们需要在硅片上贴一层保护膜,避免硅片表面的电路在磨片的过程中受损。

2. 晶圆切割

在这个步骤当中,我们需要将硅片通过物理手段切割成一片又一片的小芯片,是的,我们之前所提及的硅片是一大块晶圆,想要得到一块块的小芯片,我们需要先划线,然后沿着这些线条对晶圆进行切割,如果将晶圆(也就是上面提到的初始硅片)比作一块大蛋糕,那么晶圆切割这个步骤就是将大的蛋糕切割成许多方形的小蛋糕。而我们接下来的封装步骤,就是在这样一块块小蛋糕上进行的。

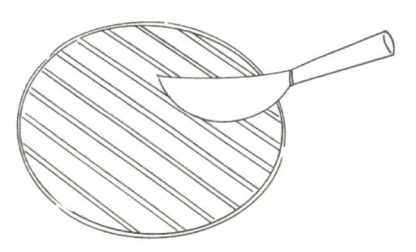

3. 芯片贴片

这是我们得到了许多的小芯片之后要进行的步骤，就是将它们全部安装在对应的引线架或者基座条带上，只有这样我们才能实现先前所提到封装的"隔开引线"以及"提供支撑"的作用，这一步就类似于小朋友们春游时坐大巴去往目的地，而老师将孩子们按照各自的学号安排在相对应的座位上，同时让他们系好安全带，将自己固定在座位上，保障自己的安全。

4. 引线键合

这一步也很好理解，我们先前也说过，芯片的封装是要使其能够成为一个独立的元器件，实现独立元器件的功能。而引线键合就是完成这一功能的步骤，它通常是用金线将芯片上的PAD（就是给金线落脚的大圆盘）以及引线架衬垫上的引脚进行连接，使芯片能与外部电路连接。这一步就相当于是用一座大桥将芯片这个孤零零的"岛屿"与外界连通，从而能够让芯片完整独立地发挥出一个元器件的作用，比如说发光、发声、传递信号等。

5. 塑封成型

最后一步，塑封成型，这一步能够保护器件免受外力损坏，同时加强器件的物理特性，方便芯片在电路中的使用。最后对塑封材料进行固化，使其有足够的硬度和强度经过整个封装过程。哈哈，看上去是不是很复杂，其实简单来说就是给芯片套上一层外壳保护芯片本身啦。那么至此，芯片封装工艺的全部流程就彻底结束了，我们成功从"初始硅片"得到了一块"封装后的芯片"。

集成电路测试
——测试？是考试吗？

前面带着大家了解了很多芯片相关的知识，现在来看看今天要讲的主要内容——测试吧，这个概念和我们之前所讲的"芯片"息息相关，至于"芯片"是什么，大家应该还算蛮熟悉的，对吧。可不要才刚介绍完就把我之前讲述的内容忘光了哦。当然如果确实忘了的话也不用紧张，再去把之前讲过的关于芯片的章节好好复习一遍就好了。

什么是测试

现在咱们就正式开始介绍"测试"这一概念吧，众所周知，一个芯片的诞生需要经历许多的步骤，诸如设计、生产、加工等，"测试"自然也是其中之一，"测试"则是这些步骤中必不可少的一步，没有经历过"测试"的芯片就不能被称为一块合格的芯片。试想一下，你正在经历一场考试，距离考试结束还有很久，但是你早早就将这张试卷完成了，心里还对其嗤之

以鼻，心想我用脚考都能轻轻松松拿满分，然后便开始百无聊赖地趴在桌子上睡大觉，一直睡到考试结束，刚出考场你便开始向周围的同学吹嘘自己这次考试肯定能得到100分，结果不久后考试成绩出来，你拿到卷子，呼吸一滞，手脚冰凉，怎么会？我怎么可能只有这么点分数？接着便开始仔细看自己做错的地方，不禁捶胸顿足，怎么回事？这么简单的地方我居然没有注意到？太不应该了！你陷入了深深的懊悔与自责之中，要是当初利用写完试卷的时间好好再检查几遍就好了！那样就不会出现这种低级的错误了！没错，这个小故事中的"你"就是在考试的过程中漏掉了最后关键的一步"测试"，通俗来讲就是检查啦。如果生产出来的芯片没有经过检查，也就是没有经过测试，最后给别人用的时候问题就会暴露出来，那芯片生产商就要倒大霉咯。假如国家造火箭用了这块没有经过测试的芯片，最后火箭出了问题，那损失就大了（虽然实际上用在火箭上的零部件都是经过严格的测试的，现实中一般不会出现这种问题）。所以，测试是非常重要的，俗话说得好，真金不怕火炼，金子通过了烈火的淬炼才证明了自己的品质，芯片也一样，也要通过一定的测试才能证明自己是一个合格品而非次品。那么芯片的测试到底是怎样的流程，都要测些什么呢？别急，且听我娓娓道来。

粗略来说，芯片的测试主要分为三类，分别是性能测试、功能测试以及可靠性测试。性能测试就是测试芯片自身的"能力"，比如说它的处理能力、集成度等，相当于人类测身高、体重、智商等。而功能测试则是测这些芯片各自需要完成的功能是否

真的能够实现,比如说你对妈妈说你会做西红柿炒鸡蛋,第二天她让你独立完成这道菜的制作,看看你到底有没有独立烹制一道美味可口的番茄炒鸡蛋的能力,这就是功能测试啦。最后一种我们管它叫作可靠性测试,测试的是一块芯片有没有在严峻工作环境下正常工作的能力,其中还包括测试一块芯片的寿命长短。类比于人类,就是把一个人丢到冰天雪地中,再给他分配一些任务,看看他能不能在这样一种严酷艰难的条件下成功地将任务完成,如果可以,就说明这个人在任务的完成上足够的可靠,芯片自然也是同样的道理,要是能在极端严酷的环境下完成自己应该完成的功能,就说明这是一块"可靠"的芯片。

探针台

讲了这么多,想必大家已经对于芯片的测试有了一个初步的了解,那么接下来,让我们一起来认识一下今天的重量级嘉宾——探针台。打个比方来说，探针台就是用来检测芯片的"触角"，它可以把"手"伸到芯片表面细小的测试端口上，然后我们就可以对芯片进行测试了。

探针台的组成较为复杂，对于现在的你们来说要想完全掌握还为时过早，因此在这里我就简单介绍一下，你们也就简单一看，看不懂也没事。让我们从最简单的开始。首先，一个探针台必须要有[控制系统]，用来控制探针和其他结构进行操作，你想要探针台按照你的想法对芯片进行测试，那你就必须要使用控制系统来控制探针台，这就和操纵杆差不多啦，没有控制系统就无法操控探针台，所以这是最基础的结构。接下来要介绍的结构名为[探针针头]，它是用来和芯片表面进行接触的，就像医生的听诊器一样，只有贴在你的胸口上，才能获取想要的信息，从而对你的身体情况进行判断。有了探针那必然会有使得探针移动的装置，也就是探针台的机械结构啦，这个机械结构提供了非常精确的移动控制系统用来移动探针，毕竟芯片那么小小一块，用手拿着探针戳肯定是戳不准的，但是有了这个机械结构之后，我们只需要将探针安装在机械结构上，然后操作者通过控制系统来移动探针，就可以让探针精确地落在芯片上我们想要它落下的区域啦，可以说是既精准又方便快捷。最后，探针台和测试设备连接，就可以对芯片进行测试了。那么以上就是探针台的所有结构啦，怎么样，是不是感觉到了机械的魅力？

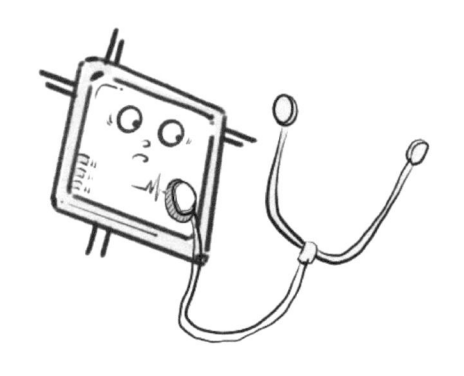

讲完了探针台的结构,接下来我会为大家简单介绍一下探针台的工作步骤,也就是它究竟是怎么一步一步对芯片进行测试的。首先,我们要将准备接受测试的芯片放置在探针台的平台上,将其固定好,免得测试的时候不小心从探针台上面掉下来。其次,咱们可以通过控制系统准确移动探针,使探针接触芯片的表面。这个过程是极其精密的,我们需要人为地提前设计好一个路径,让探针按照预定的路径进行移动。在完成这一步后,电性能测试仪器便会开始对芯片进行测试。最后,探针台会将测好的数据传输给数据分析系统,由分析系统来对这些数据进行处理从而得出结论:眼前的这块芯片究竟是不是一个合格的芯片。总的来说,就是给你一张试卷,让你去做这份试卷,然后老师对这张试卷进行批改,得出分数以后再具体看看你究竟是做错了哪些题,哪些是由于知识点掌握不牢靠出错,哪些又是因为粗心大意丢的分,最后将这些失分原因整理成一份报告发给你,你就能从这份报告当中知晓自己的问题究竟是出在哪里。

探针台作为半导体行业中不可或缺的重要机械,其价格也和它的功能性和重要性成正比,市面上一台探针台的价格在2000～20000元不等,这和探针台具体的性能有关,像那些芯片大厂所使用的探针台价格基本都在10000元以上,这些大厂肯定对于自家生产的芯片都是以最严格的标准去要求的,那么测试仪器必然也要选择最优秀的,性能最好的,这样才能够满足他们日常的生产需要,才能创造出更大的利益。

除了使用,探针台的维护与保养也是一门大学问,我们在使用完探针台后一定要注意清洁,尽可能地把探针台上的所有灰尘全部去除干净,以防多余的灰尘干扰探针台检测芯片的精度。这里注意!不能用水洗!毕竟探针台可不防水,要是直接用水对探针台进行清洗，可能会导致探针台的某些金属部分生锈，或者导致内部精密的机械结构短路，这样几千乃至几万块钱可就直接打了水漂了。所以我们应该用什么来清理灰尘呢？这里我就不卖关子了，答案是无尘布，在探针台表面积灰的时候，我们往往使用无尘布来对探针台进行擦拭，将上面的灰尘尽数擦去。而探针台长期不使用的时候，也要记得及时切断电源，拔下插头，这样才能保证探针台有更长的使用寿命。同时，使用探针台的人也要注意严格地按照操作方法去操作探针台，避免探针台受到损坏。

集成电路 ATE

如果说探针台提供了测试设备连接到芯片的电通路，那么集成电路自动测试设备（Automatic Test Equipment，ATE）就是对芯片进行功能完整性检测的主体设备，它用来对制造出来的集成电路进行测试。集成电路 ATE 这个概念很宽泛，它包含了探针台，即探针台可以说是集成电路 ATE 的一部分，集成电路 ATE 主要用于电性能的测试，但是集成电路ATE测试可不仅仅是测试电性能，它可以检测芯片的缺陷。集成电路ATE测试可以分为许多种类，比如按照芯片封测前后，可以分为晶圆检测与成品检测（晶圆就是还没有经过封测的芯片，而成品自然就是指完成了封测的芯片成品咯）。接下来将着重以其中的晶圆测试机台为例进行解释，晶圆测试机台就是用来检测还未完成封测的芯片的电性能的，要是没有进行电性能测试就把裸片拿去封装，最后成品检测的时候测出这块芯片的电性能不合格，那不就白白花费了一笔封装的费用吗。晶圆测试机台由两部分组成，第一部分就是我们都很熟悉的探针台了，它是连接晶圆测试机与被测芯片的桥梁，而剩下的部分就是拥有生成测试向量、测试电压和电流等功能的测试机本身啦。

　　集成电路ATE是半导体领域中不可或缺的重要仪器，有了它，才能最终做出一块完整的、合格的芯片。如果将集成电路ATE比作一种人类的体检的话，那么集成电路ATE工程师就是体检的主负责医师，这可是现在非常吃香的一个岗位，不仅入门门槛相对于半导体行业中的其他岗位低，而且工资和发展前景还不错。当然啦，你也不能什么都不会对吧，作为一个最基础的集成电路ATE工程师，至少要学会使用集成电路ATE，会编写一些测试程序去对芯片进行测试，同时，在测试机发生了异常时，要会去分析它的问题并尝试解决，过几年当在这个岗位上积累了一些经验后，就可以开始去尝试编写一些较为复杂的测试程序了，这也意味着你已经不再是初出茅庐的新人工程师了！经过这几年的磨炼，你已经在前辈的带领下见识过了各种各样的不同类型的集成电路ATE了，你也对各种不同的测试机的优缺点有了自己的认知和理解了。在这个基础上你又工作了好多好多年，你也逐渐成了别人的前辈，能够熟练地使用多种集成电路ATE，同时你可以对一些较为精细的芯片制定个性化的"体检方案"了。

这整个过程就像是一个初入江湖涉世不深的意气风发少年郎，在江湖中蹉跎了好几年，也被渐渐削去了当年的锐气，但是却愈发内敛，自身的技艺也慢慢得到了磨炼，实力相较于当初的毛头小孩已经有了飞一般的提升，而后又过了好多好多年，此时你已是迈入老年，虽然体力不如当年，但是"内力"却愈发深厚，在武林之中也有了自己的一席之地，成了他人口中德高望重的老前辈，自己开山立派，建立宗门。是不是很形象，这就是一个集成电路 ATE 工程师从刚入行到慢慢成为行业大拿的全部过程了，看到这里你有没有很心动，有没有生出一种"拔剑向天涯"的豪情壮志？好啦好啦，先冷静一下吧，咳咳，当然不是我泼冷水啊，但你们要认清现实，目前摆在你们面前最大的任务当然是学好课内的知识啦，只有努力学习，打好基础，将来才能进入半导体行业从事集成电路 ATE 工程师的工作，毕竟现在的你们距离一位合格的集成电路 ATE 工程师还是有着遥远的距离，所以，现在努力奋斗，好好学习，才能获得进入半导体大舞台的入场券，好啦，言尽于此，大家加油吧！！！朝着自己定下的目标，一步一个脚印前进吧！这里引用一句我很喜欢的话：日复一日，必有精进。我相信你们只要肯努力，中途不管遇到什么困难都不放弃，未来肯定都能实现自己此刻许下的梦想。

> 放松的时候看一下我们的这本趣味科普书！

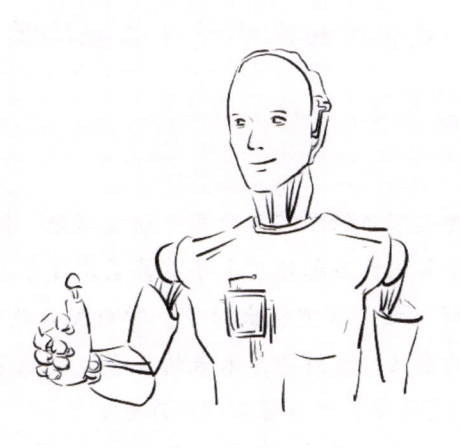

芯际争霸

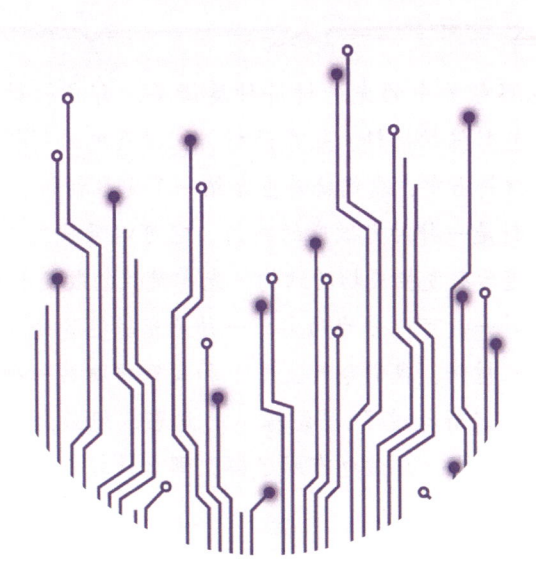

芯片未来技术发展
——未来的技术会是什么样的呢？

前面我们已经为大家介绍了芯片的各个组成部分。但就像大家在小学和中学里学过的科学知识大多都是几十年前甚至几百年前的人提出来的一样，这些理论也是好久之前就被提出的了。所以呢，就让我们带领大家，见识一些真正酷炫的东西，看看芯片未来的技术发展趋势（嘿嘿嘿，有些部分现在看不懂也没有关系，可以留着以后再看）。

先进材料及器件

集成电路领域中的先进材料种类诸多，有光敏材料、芯片黏接材料、包封保护材料、热界面材料，以及电镀材料等多种材料，在这些材料当中，我们就着重介绍一下光敏材料。

光敏材料是一种对光敏感的材料，它可以吸收光的能量发生光敏反应，随后引发相应物质结构、光学特性的改变。

光敏材料一般可以分为两类，一种是光敏绝缘介质材料；另一种叫作光阻材料，我们今天主要来和大家聊聊第一种。"光敏"这个词上面已经解释过了，"绝缘"的意思，想必大家之前如果认真看了我们的书，应该也有所了解，那么让我们一起来认识这种材料吧！

光敏绝缘介质材料属于集成电路制造工业中的主材料，它在经过工艺加工后依然可以被保留在器件上，随后通过光刻工艺来制造器件中必要的图形和结构。它还可以作为绝缘层或介质层存在，在这时它起到了保护信号完整性、减少信号在传输过程中损耗的作用；而光阻材料属于辅材料，它只是器件加工工艺过程中的耗材，主要作为光刻工艺过程中的掩膜版来制造金属导电线路的图形结构，工艺过程结束之后人们就会采用剥离工艺将其去除，最后它不会被保留在器件上，这也是它和光敏绝缘介质材料的主要区别。

  对于光敏绝缘介质材料的选取，除基本的材料特性和工艺上的易操作性外，我们还应该从材料应用角度进行考量，简单来说，就是我们所采用的材料必须要足够结实，不能轻易地发生损坏，而这其中最主要的要求就是可靠性，我们要求所应用的材料能够通过电子元器件可靠性试验中的高低温循环和跌落试验的考核，也就是说我们所应用的材料必须要耐高温耐低温，强度也要足够高才行，因此材料必须有优异的拉伸、延伸机械性能和抗断裂性能。

先进封装及测试

先让我们回顾一下封装的知识。在我们的生活中说起封装，字面意思就是将物品装进容器再密封起来，举例来说就是把东西放进箱子，然后用胶带把箱子给封起来，箱子起到的最大作用也就是储存和保护，它将其里面的物品与其外面的环境分隔开来。但在芯片封装中，我们所用到的"箱子"有着更大的作用。我们这里所说的"箱子"，其实指的是安装集成电路所用到的外壳，它不仅起着固定、安置、密封、保护芯片免受外界环境损害和增强导热性能的作用，还是将芯片内部与外部电路连接起来的重要桥梁——芯片上的各个接点可以由导线连接到封装外壳的引脚上，这些引脚又通过印制电路板上的导线与其他的外部器件建立起连接，从而起到将芯片内外连接在一起的作用。

集成电路产业的飞速发展使得电子整机产品实现了从大型转向小型、从厚型转向薄型、从低性能转向高性能、从单功能转向多功能、从低可靠性转向高可靠性，以及从高成本转向低成本的变化，这种发展趋势使得对集成电路封装密度的要求急剧地提升，传统的封装形式如【引线框架型封装】和【基于引线键合的球栅阵列封装】已经难以满足现在的电子产品中的芯片的需求，而以【倒装芯片封装】、【晶圆级封装】、【基于硅通孔技术的三维集成】和【系统级封装】等为代表的先进封装技术正得到国家的支持并获得了快速的发展，先进的封装技术可以提升元器件的工作性能，满足元器件对于封装的需求，它的产品市场正在快速扩大，在未来有着更大的发展空间，可以说是大有可为。

随着集成电路产业链的延伸以及集成电路技术的发展，芯片的封装在未来也会有着许多的发展方向和不同的发展趋势。接下来我们为大家介绍一下芯片的未来芯片封装技术的发展趋势。

未来芯片封装技术主要有着以下三大趋势：分别是[由有封装向少封装和无封装发展]、[无源器件走向集成化]和[3D封装技术]，其中的最后一种"3D封装技术"更是未来芯片封装技术发展的大势所趋，像我们之前所说的晶圆级封装，其实也是未来先进封装技术中的一种，它的优点是封装工艺得到了简化，以及封装尺寸较小。

未来集成电路设计

随着近年来国家和政府对于集成电路产业发展的愈加重视，集成电路技术也日益趋于成熟，未来集成电路的设计也出现了许多新的可能性。在进行传统大规模集成电路设计时，设计者通常把整个电子系统都集成在一个芯片上，即CPU、GPU、存储器等电子元器件都被集成在一块芯片上，并且它们都是使用同一种工艺制造、以2D的方式集成的。2D集成，即作为功能单元的晶体管均位于同一个平面上，这需要机器在晶圆平面上雕刻出所有纳米级大小的晶体管，这对工艺流程的精细程度提出了非常高的要求。但是随着我们对于芯片性能要求和系统复杂程度的不断提高，要想实现那么多功能，芯片的面积也势必会越来越大，这将直接导致芯片良品率的不断下降。另外，随着工艺节点逐渐逼近物理极限，摩尔定律也行将就木，马上就要迎来它的结局，人们迫切地想找到新的方法来延续技术的发展，而如今，人们找到了一种新的思路去设计芯片，这种方式就是采用3D集成的方法来设计芯片。3D集成方法的核心思路就是把2D集成中设计在芯片晶圆平面上的各种电子元器件分散到不同的平面内，从三维的角度出发，对集成电路的设计进行思考，将不同层平面的微型电子元器件连接在一起。再者，集成电路的设计与EDA（电子设计自动化）软件有着密不可分的关系，也可以说集成电路设计离不开EDA工具，因此，3D集成电路设计的难点其实在于EDA工具这部分，该怎样使用EDA工具对集成电路进行合理的3D设计，这是我们第一个要解决的难题。除此之外，不同层之间的互连可靠性、信号传输速度也是需要考虑的点。EDA是基石，我们不但要解决EDA的问题，理论研究也要一并推进。

我们先要理解这些客观情况，然后才能继续前进探索接下来的问题。

关于上面描述的3D集成电路，相信大家如果关注集成电路发展的话也会有所耳闻，这就是近年来大火的芯粒（chiplet）技术。那么芯粒到底是什么呢？打个比方，如果说片上系统（System on Chip, SoC）是古代的大都市，那么芯粒就是现代的综合型城市，两者都可以满足居民日常生活的需求，但是古代的大都市是东市买骏马，西市买鞍鞯，南市买辔头，北市买长鞭；而现代的综合型城市则是一楼奢侈品，二楼衣帽鞋，三楼饭菜香，四楼大玩家。从上面并不严谨的比喻可以看出，芯粒有如下几个特点。

首先，它是3D集成的，这对于2D集成的芯片来说可是降维打击，这就好比被罚抄名字的时候，2D芯片乖乖地、一个字一个字地写，而芯粒这个"小滑头"把三四支笔绑成了一排，直接化身打字机。回到我们的主题，在不考虑垂直方向的情况下，使用3D集成技术制造的芯片比2D集成技术制造的芯片尺寸小、性能好，但这也不是没有代价的，相较于2D集成电路有较大的散热面积，芯粒可以说是挤作一团。有文献指出，芯粒第4层的die（裸片）的温度可以上升到158℃，要知道，2D集成电路的仿真温度到125℃也就停止了，因为在这个温度下，芯片也无法正常工作了，所以芯粒的散热成了一个巨大的问题。

其次，芯粒可以异构集成。那什么是异构集成呢？我们再打个比方，小明想要一台高性能的电脑来打大型游戏，但是上网一看，整套设备太贵了，于是小明就想了一个办法，这俗话说得好，好钢要用在刀刃上，所以显卡、硬盘和内存的配置要好，其他能用就行，这样不就能够节省预算了吗。芯粒的异构集成也是这个思路，虽然说，深纳米制成的芯片性能更好，但这也意味着更高的价格，同时，不是所有的模块都需要这么好的性能，这就给了芯粒一个降低制造成本的机会。而大型SoC就没有这个条件了，它是在一个工艺节点上完成整套生产流程的，这也就意味着，如果性能要求最高的CPU是3nm工艺的，那么片上的其他模块也都是3nm工艺的，可以说是挺奢侈的了。不过呢，3D集成对应的3D封装技术难度也比较大，封装的成本也比2D的芯片要高，这大概就是一饮一啄，祸福相依吧。

最后，是有关良率的问题。由于大型SoC的功能模块十分多，所以即使在先进制程下，它的面积也十分大，而更大尺寸的芯片也意味着保证每一个模块都没有缺陷的难度更大，这就可能导致整体良率下降。其实这不难理解，我们假设一个SoC由3个面积相同的模块构成，一个晶圆可以制造4片SoC，或者12个模块A，或者12个模块B，或者12个模块C，那么假如说每片晶圆的左上角都出现了1个缺陷，对于SoC来说，良率就只有3/4，而对于分模块制造最终封装到一起的芯粒来说，良率就是11/12。当然，实际的情况比这复杂得多，但也不妨碍我们从这个例子中一窥其中的奥秘。

未来EDA工具发展

现在让我们来具体看看EDA工具，也就是电子设计自动化工具吧。

我们知道，现在我国的芯片产业在短短几年之内能有如此巨大的飞跃，EDA软件性能的提升在其中发挥了不可忽视的重要作用，它使得我国数以亿计的芯片能够在相对较短的时间内飞速地更新迭代，让一些以前只存在于设想阶段的芯片成为了现实，并获得更加优越的性能。它就像一座横跨设计与制造的大桥，帮助我们的国产芯片顺利地跨入了5G互联网与人工智能时代。首先，我想要为大家简单介绍一下国内EDA软件的发展现状：随着我国电子信息产业的快速发展，国产EDA软件在国内得到了较为广泛的应用。近年来，我国的EDA软件厂商数量不断增加，并且有多个企业已经成为EDA和集成电路设计行业的重要参与者和领头龙。这些企业有着追求卓越、精益求精的精神，不断提升产品的质量和性能，满足了国内市场对于EDA工具的种种需求。

与此同时，我国EDA工具的市场规模也在不断扩大。众所周知，中国作为全世界最大的电子商品消费市场之一，需要设计并制造大量的电子产品，所以对EDA工具的需求量非常庞大，因为所有芯片制造企业都需要使用到EDA软件。国内的企业在自主研发的基础上，引进了一些国际知名的EDA软件，同时根据国内市场的需求进行了本土化的改进和量身定制。这些努力和创新使得我国的EDA市场逐步壮大起来，我们并没有囿于国界的限制，而是积极探求国家与国家之间对于EDA产业发展的互相交流，期望共同进步。

接下来预测一下我国EDA的发展趋势：在5G信息时代，随着人工智能、物联网等新兴技术的兴起，各大工厂和电子产品制造商对于EDA工具的需求将进一步增加。在人工智能制造领域，针对人工智能的芯片设计，对于性能提出了更高的要求；在物联网领域，产品有了缩小尺寸和降低成本的新需求。除此之外，5G时代带来的大规模通信和数据处理需求也将对EDA工具提出更高的要求。

由上面所述的几点，可以得出我国EDA的发展重点将围绕以下几个方面展开。

首先是算法和模型的创新，EDA工具的性能和效率取决于其算法和模型的优化程度，想要开发出具有更高性能的EDA工具，就必须对其算法和模型进行优化。未来，EDA企业需要加大力度进行产业升级，加大在算法和模型方面的研发力度和投资，提高EDA工具的设计和验证能力，实现其性能的优化。其次是EDA工具的多元化应用，EDA工具的应用与芯片的应用有着密不可分的联系，我们可以根据芯片在不同领域之中的应用对EDA工具的功能进行调整。根据客户的要求对EDA工具的功能进行细化，保留其基本框架的同时对细节进行修改，让它更贴合客户需求。因此，EDA企业需要扩展产品线，根据不同领域的需求，为不同的客户提供不同的定制化EDA工具，每一种特定的EDA工具都能在特定领域上起到重要作用，未来能够为产业提供更多的适用于不同领域和不同需求的工具。此外，随着云计算技术的不断发展，EDA工具将与云计算和深度学习等技术相互结合，由此可以实现更为高效的芯片设计流程。云计算技术的使用可以为EDA工具提供更强大的计算和存储能力，提高EDA工具的运行速度和效率。而"深度学习"技术可以提高EDA工具的自动化和智能化，为芯片设计人员提供更智能的芯片设计和验证方案。

随着新要求的提出，我国 EDA 技术的发展还面临着新的挑战。首先是技术门槛的提高，时代在发展，EDA 技术也在不断地进步，而 EDA 技术又是集成电路设计和开发的基石，在芯片设计的过程中有着无法替代的绝对地位，而想要更便捷、精准地进行电路设计与仿真，我们首先就要对 EDA 技术进行更新迭代，如此一来，就需要能力更加优秀的算法和高端模型来进行扩充。我国目前在集成电路这一方面的人才培养相对于其他老牌芯片强国仍有较大差距，要想在国际 EDA 工具市场的竞争中占据一席之地，需要正视自己与他人之间的不足，我国的龙头企业还需要加大技术研发和人才培养的力度，在这一领域上投入更多的人力、物力以及财力。

另外一个巨大的挑战是芯片研发软件尖端技术仍被国外所垄断。目前，新思、楷登和西门子在全球的 EDA 市场中仍牢牢占据着主导地位，并且由于其深厚的底蕴，它们目前拥有丰富的专利技术。要想突破他国在尖端技术上的垄断，国内 EDA 企业需要加强自主创新能力，提升产品的国际竞争力，设计出符合我国工程师使用习惯的自主研发 EDA 工具。

综上所述，国内 EDA 工具目前虽然在技术方面取得了较为明显的进步，但是仍有许多的不足亟须改进。随着越来越多的高新技术不断涌现，EDA 工具的市场前景将变得更加广阔。未来，我国 EDA 技术的发展应该将重点放在算法的创新和模型的优化上，除此之外，我们还应探索 EDA 技术在芯片领域内的多元化应用，并且，我们还需要探索它与 5G 互联网技术和人工智能技术结合的可能性。

芯片未来产业前瞻
——未来的产业会是什么样的呢？

聊完了技术的发展，现在让我们看看集成电路产业会如何发展呢？

人工智能与集成电路

大家肯定都听说过 AlphaGo（阿尔法狗）吧，自从 2016 年 AlphaGo 在人机围棋对决中击败李世石以来，人工智能（AI）引起了全球的高度关注，并成为新的投资热点。关注度的激增促使全球企业加快了在 AI 领域的战略部署，各国政府也出台了相关政策，以促进 AI 技术的发展。AI 技术的进步在很大程度上依赖于高性能芯片，这些芯片为日益复杂的机器学习模型和庞大的数据库提供了必要的计算能力。没有这些专门的芯片，AI 将停留在理论层面，无法有效地应用于实际操作中。

AI芯片是专门根据AI的特点进行设计并用来处理大量计算任务的芯片。"没有芯片，就没有AI"这句话强调了AI芯片作为硬件基石的重要性，芯片性能的提升是提高AI发展水平的一个重要条件。因此，开发旨在提高计算速度的AI芯片已成为推动AI产业爆炸性增长的关键因素之一。作为芯片行业的一个独特的领域，AI芯片具有其独特性和普遍性，它专为AI领域的应用而设计，但又与其他芯片一样，受制于整个集成电路行业的发展。

量子技术与集成电路

现代计算机芯片的结构性能就快达到经典物理的极限，这时需要寻求替代方法，包括探索新的机器架构和多核芯片，或深入研究量子力学以开发量子计算机，后者需要跳出传统的冯·诺依曼架构和现有的半导体芯片法则，利用量子叠加和量子纠缠来执行逻辑运算。

国际半导体技术发展路线图表明，尽管像多核芯片这样的技术可能在短期内延续摩尔定律，但中长期的重点应该是基于量子物理学开发量子计算机。这样具有革命性的设备有潜力超越摩尔定律。信息量子化的趋势是显而易见的，量子计算是克服芯片尺寸和经典物理极限的必然结果，它也标志着后摩尔时代的到来。

柔性电子与集成电路

柔性电子技术也就是"柔软"的电子设备，说专业一点呢，就是指可以弯曲、伸展和扭曲的电子产品。它起源于20世纪80年代，其以柔性材料为基础、柔性电子器件为平台、光电技术应用为核心，是一种融合物理学、化学、材料科学与工程、力学、光学工程、生物学、生物医学工程、基础医学等学科的科学技术。简而言之，柔性电子技术是一门新兴的交叉科学技术，它将

> 大家可以问问周围的朋友，也许就有人是从事这些行业的，可以和他们探讨一下我们在书上看到的知识哦！

有机、无机或有机无机复合（杂化）材料沉积在柔性基底上，形成以电路为代表的电子（光电子、光子）元器件及集成系统。柔性电子器件具有柔软、轻便、透明、便携、可大面积应用等特点，极大地扩展了电子器件的应用范围。

柔性电子技术可与人工智能、材料科学、泛物联网、空间科学、健康科学、能源科学和数据科学等深度融合，从而引领信息科技、健康医疗、航空航天、先进能源等领域的创新变革，并推动相关产业的发展。柔性电子技术是一场全新的电子技术革命，美国、欧盟、澳大利亚等发达经济体的政府机构、高等院校和科研单位纷纷投入大量资金与人力，设立研究中心与技术联盟，重点支持柔性信息显示、柔性电子器件、健康医疗设备等方面的研究及产业化，并且已在柔性显示与绿色照明、柔性能源电子、柔性生物电子和柔性传感技术等领域占据了领先地位。

光电子与集成电路

光子集成电路（Photonic Integrated Circuit，PIC）近年来已成为一项成熟且强大的技术。与电子集成电路相似，PIC将各种光学或光电器件，如激光器、电光调制器、光电探测器、光衰减器、光复用/解复用器及光放大器等器件集成于单一芯片上。这些器件在信息传输和处理上展现出无与伦比的优势，因而广泛应用于光纤通信、光谱传感和量子信息处理等领域。

光作为一种信息的载体，可以通过振幅、相位或频率的变化来传递多种信息，实现光传感功能。光子集成电路（PIC）已成为片上光谱仪、生物传感器、光学相干层析成像和调频连续波激光雷达等领域中的有效传感器平台。其中，许多功能可以在通用的可编程PIC上实现，而有些特殊的传感器则需要定制化PIC，以满足特定的几何形状、化学特性或其他功能需求。

几十年前，可编程电子集成电路经历了类似于微处理器、FPGA和DSP的演变，已经发展到可以不再依赖于设计定制芯片来实现特定功能的阶段，就这样，围绕可编程电子集成电路形成了一个低成本、低误差容忍度的产品生态系统。如果能为分立光学、定制化PIC和可编程PIC提供各自的解决方案，就有可能建立起一个类似的光子生态系统。

尽管光子集成电路与电子集成电路在某些方面相似且功能互补，但是在光子集成电路的设计复杂性和算法编程方面仍有巨大的探索空间，这为光子技术的未来发展提供了广阔的可能性，预示着在信息处理和传感领域或将出现更多的创新和突破。

国内外集成电路发展趋势
——集成电路的发展将何去何从呢？

说完了未来芯片的技术发展趋势和相关产业的发展，让我们再从宏观的角度看一看集成电路的发展趋势吧（偷偷告诉你们，其实这是我们想宣传集成电路行业，吸引大家来跟我们一起投身于这个行业，嘿嘿）！

我国未来集成电路行业发展趋势

首先从政策层面来分析，我国政府已经明确将集成电路产业定位为未来五年发展计划中的重点领域之一。根据国家发展改革委发布的"十四五"规划指导方针，我国政府将致力于加强在关键技术领域的创新能力，特别是在提升数字技术基础研发能力方面下大力气。具体措施包括推动计算芯片、存储芯片等关键领域的技术创新，加快集成电路设计工具、重点装备和高纯靶材等关键材料的研发进程。

> 简单来说，就是国家大力支持咱们的集成电路行业，团结力量发展集成电路。

从市场需求的角度来看，随着物联网、5G 通信、人工智能等新兴技术的不断成熟和普及，消费电子、工业控制、汽车电子等主要集成电路下游制造行业的产业升级进程正在加速。这些下游市场的革新升级为集成电路企业带来了强劲的增长动力。

> 一句话来说就是，芯片的发展能助力很多行业的发展，而这些行业也在助力芯片的发展。而就像你教你同桌数学，他成绩提高了，就能更好地和你探讨数学问题，对不对？

从企业发展的角度来看，我国集成电路行业在未来将继续加大技术研发和创新投入，不断提升自身的技术水平和创新能力。特别是在芯片设计领域，国内企业将继续加大研发力度，推出更多具有自主知识产权的芯片产品。芯片设计等上游产业的规模占比逐年攀升，显示出我国集成电路产业正在从低端走向高端，发展质量稳步提升。随着国内企业和政府继续加大投入并推动创新，我国集成电路行业与国际先进水平的差距将进一步缩小。同时，国内企业也将进一步加强合作和交流，推动整个行业的技术进步和发展。

> 大家还记得我们之前提到过的几个芯片相关的企业，可以把这些企业的名字写在这一页的空白处哦！

未来我国集成电路市场将继续保持快速增长，成为全球集成电路市场的重要推动力。同时，我国政府也将会加大对集成电路产业的扶持力度，推动产业向高端化、智能化方向发展。

世界未来集成电路发展趋势

首先，从美国来看。2022年8月9日，美国总统拜登签署了《芯片与科学法案》（著名的芯片法案），这一举措旨在提供关键的半导体制造激励和研发投资。该法案不仅吸引了政府和商界领袖的广泛关注，还促进了新晶圆厂和其他相关设施的建设承诺。

在东南亚半导体产业的版图中，新加坡以其完善的产业链脱颖而出。作为全球知名半导体公司"美光"的总部所在地，新加坡不仅拥有三家内存晶圆厂，还设有一个先进的组装和测试设施。

马来西亚在半导体产业链中的封装和测试环节扮演着至关重要的角色。据悉，东南亚在全球封测市场中占有27%的份额，其中马来西亚占据了一半。马来西亚约有50家跨国半导体企业在当地设立封测厂，其中包括恩智浦半导体、博通、美光、意法半导体、英飞凌、德州仪器、安森美半导体、日月光集团等。

除此之外，德州仪器、亚德诺、意法半导体、英飞凌、恩智浦半导体等模拟芯片巨头长期稳居全球TOP10，并且近几年集中度还在进一步上升。十年前，欧洲半导体产业已经做出了明智的选择，专注于车用半导体和工业半导体两个细分市场。这一战略选择既延续了传统优势，又顺应了电动汽车和物联网等新兴市场的趋势。欧洲国家拥有强大的汽车工业和制造业基础，加之欧洲半导体三巨头在车用和工业半导体领域深耕多年，形成了完整的设计、制造和封测的 IDM 体系，使得竞争对手短期内难以超越。随着 PC 市场和移动终端市场红利期的结束，5G 网络普及带来的物联网时代，以及智能电动汽车、无人驾驶、车联网等新兴市场的兴起，欧洲半导体产业迎来了新的增长机遇。欧洲半导体产业正通过在"守旧"中"拓新"的方式，继续在全球市场中占据重要地位。

总体来看，世界集成电路行业正处于蓬勃发展之中，各地区和国家都在积极布局，以期在未来的集成电路产业竞争中占据有利地位。

疯狂的芯片